またまたへんないきもの

早川いくを

幻冬舎文庫

またまたへんないきもの

ハナデンシャ

希少種のウミウシ。
[特技] 意味不明に光る。

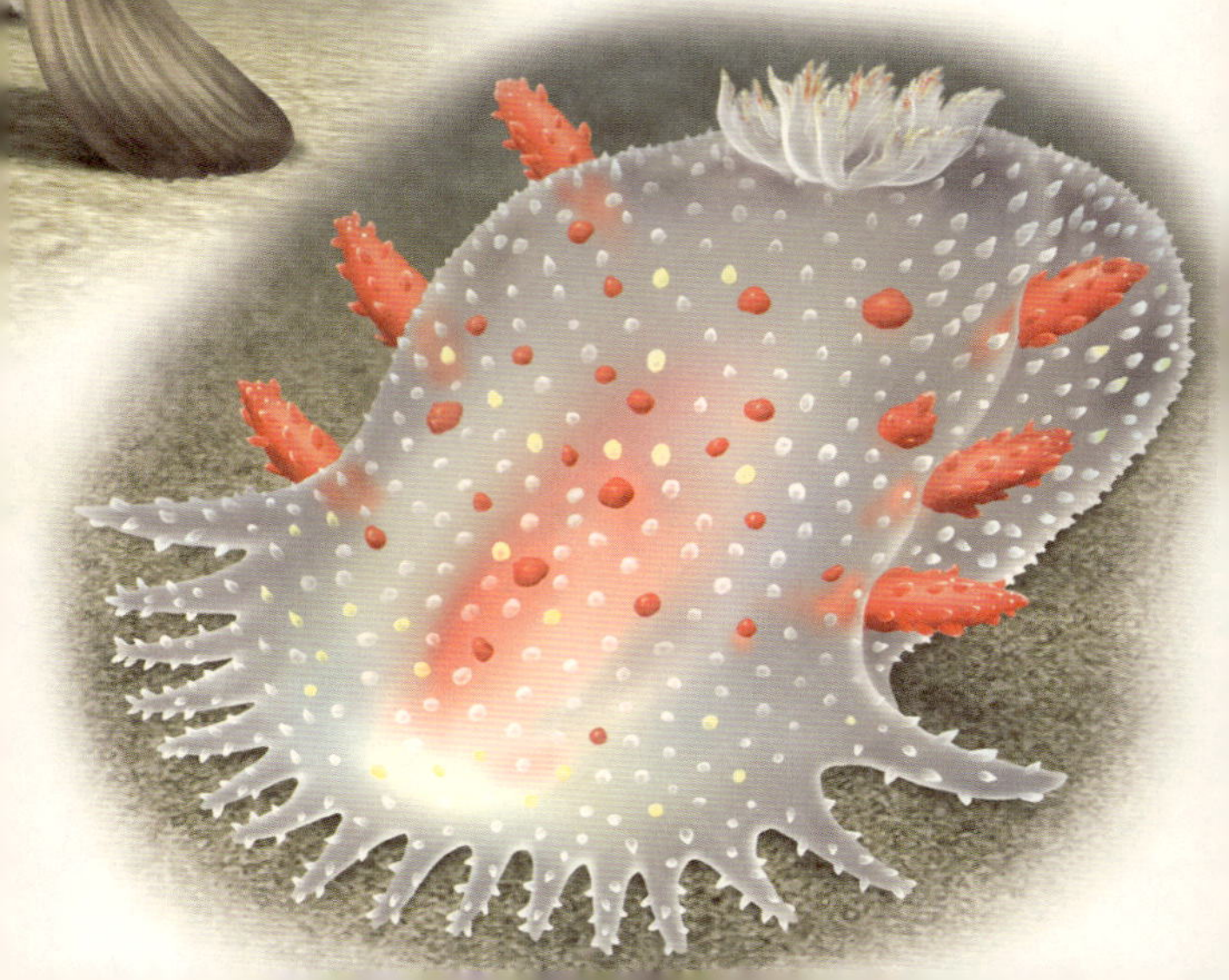

バットフィッシュ

鼻先に疑似餌をもつが、無用の長物。
［特技］ありません。

メタンアイスワーム

メタン鉱床に群生する。
［特技］氷の家に住む。

オニイソメ

3メートルにも及ぶ環形動物。
［特技］死後も人間を呪う。

セアカサラマンダー

一夫一婦制の両生類。
[特技] 妻がこわい。

ホシバナモグラ

触覚が命のモグラ。
［特技］モグたんのくせに泳げる。

タガヤサンミナシ

毒貝をも打ち倒すハンター巻き貝。
［特技］デスラー砲。

アンボイナ

魚を隠密狙撃する巻き貝。
［特技］地獄に道連れ。

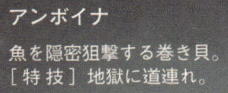

ベニボヤ

機能一点張りのホヤの一種。
［特技］人類のいとこ。

モンハナシャコ

22口径の銃の破壊力をもつシャコ。
［特技］カニさんをぶっとばす。

ツノトカゲ

扁平な砂漠トカゲ。
［特 技］目から出血ビーム。

ヒメアルマジロ

アルマジロ界のアイドル。
［特技］尻で巣穴にフタ。

ユメナマコ

深海を優雅に舞うナマコ嬢。
［特技］宝塚海組所属。

へんな またまた いきもの

もくじ

本文挿絵・寺西晃
本文デザイン・早川デザイン

さては因果の玉スダレ

ツチボタル

広大無辺、悠久の銀河の輝きが頭上を圧するその壮麗さに人々は息を呑む。ここは、天然のイルミネーションで有名な観光地、ワイトモ鍾乳洞。そして、かの劇作家バーナード・ショーに「世界で八番目の不思議」と言わしめたその美観を演出するのは、星屑たちではなく、ツチボタルと呼ばれる昆虫だ。しかし彼等は美の奉職者でもなく、観光収入目当てに光る訳でもない。ここは幼虫たちの狩り場なのだ。

ツチボタルの幼虫は、粘液の玉が並ぶ「玉スダレ」を天井から吊り下

目も耳もないハンター、ツチボタルの幼虫

1匹で70本もの「玉スダレ」を吊り下げる。
成虫になるとすぐ始める交尾は、7時間に及ぶという。
「蛍の光」のホタルとは全く別物。

げると、ホタルのように発光する。飢えるほどに輝きを増すその光こそが、この星々の正体であり、邪知に長けた罠なのだ。

その輝きに魅せられた羽虫は、憑かれたように星の世界に飛んでゆく。だが、その魅惑の青い光は真っ赤な偽物、気が付くと羽虫は粘液糸で全身をからめとられている。糸はもがくほどにその身を縛り、その振動を感知した幼虫は獲物をたぐり寄せ、身動きできぬ犠牲者に喰らいつき、肉をかじり、体液をするのだ。

だが、こうして獲物を喰い、旺盛に生き続けた幼虫は、蛹を経ると、消化器官はおろか口さえ持たない、交尾して卵さえ産めば用済みの、わずか三日で命を閉じる、はかない成虫へとなり果てる。

そして幼虫の罠にかかる獲物には、この哀れな**親虫**も含まれる。

未来の希望に胸膨らます新婚の二人が、潤んだ瞳で見上げるその洞窟の美しい輝きは、獲物を喰らい親を喰らい、果ては己が子に喰われて命を落としゆく、業深き生物の、因果の光なのだ。

［ツチボタル］
ヒカリキノコバエの幼虫。オーストラリア、ニュージーランドの洞窟に生息。双翅目（ハエ、アブ、カの仲間）キノコバエ科。卵は三週間ほどで孵化、幼虫は九ヶ月ほどで40ミリに達し、発光して獲物を誘い、粘液糸で捕らえ体液を吸う。蛹から三日ほどで成虫が羽化、すぐ交尾を始め、餌はとらず二〜三日で死ぬ。

書記官の公平な執務

ヘビクイワシ

耳に羽ペン、ニッカボッカの装いも粋な一九世紀の書記を彷彿とさせるその姿から「書記官鳥」とも言われる。我勝ちに群れ騒ぐテレビタレントの如き他の鳥類共とは一線を画す、静かなる猛禽だ。

がさつな羽音をたて、せわしく飛び回るということもなく、悠然と闊歩してはサバンナの平原にヘビ狩りとしゃれ込む。その端正な顔立ちに、冷ややかな理知の眼差しをもって規則正しく歩を運ぶその様は、おおなるほど、書記官の名にふさわしい。

クールにヘビ狩りをするヘビクイワシ

攻撃の瞬間は、敵の攪乱とバランス維持のため羽を半分ほど開く。
ヘビを空から落とすこともあるという。

ヘビを見つけても、鼻息を荒くしたりなどはしない。牙を剝き、鎌首をもたげ威嚇するヘビを、ただ冷たい瞳で見下ろすだけだ。さぞスマートな狩りの手腕を見せてくれるであろうと思いきや、書記官はやにわにヘビを蹴る。猛り狂ったように蹴る。蹴って、蹴って、蹴りつける。その瞳静かなること湖の如し。だがその脚は、怨み骨髄とばかり、暴走した蒸気ハンマーの如くヘビを滅多打ちにする。

やがて書記官は、息絶えたヘビの尻尾をくわえると、江戸っ子が蕎麦をたぐるように、つるつると**小粋に**すすりあげてしまう。ヘビ毒も、この猛禽にとっては気の利いた薬味といったところであろう。

日頃からこの細長いヤクザな爬虫類に睨まれているネズミやトカゲなどの小動物たちは、夕陽に向かい、悠然と去りゆくこの偉大なる書記官様の後ろ姿に手を合わせているかもしれない。

だがこの書記官は、ネズミもトカゲも**平等に**襲って喰い殺すのだ。

広大なサバンナの平原、そこには恩義もへったくれもあった話ではない。まったくない。ないったらない。

［ヘビクイワシ］
全長140センチ。アフリカサハラ砂漠以南のサバンナに生息。ヘビの他に爬虫類、小型哺乳類などを獲物にする。アカシアの木に巣を作り、八～二月が繁殖期。一日最長24キロも歩くが、走ることもあり求愛時などは空を舞う。目下生息数は減少している。

ツノトカゲ

血の気を失う最終兵器

シージーなどという小賢(こざか)しいものもなく、恐竜といえばミニチュアか本物のトカゲを撮影するしかなかった時代に、全身にトゲ、頭にはステイラコサウルスのようなツノも生やしたツノトカゲが銀幕をのし歩いていたら、案外ゴジラに続く人気怪獣になれたかもしれない。

だが実際のツノトカゲは保護色に身を包み、ひたすら目立たぬよう這(は)いつくばって暮らすうち、いつしか体も草加せんべい並みにぺったんことなった、米国の砂漠に棲(す)む穏和なトカゲである。手の平サイズで動作

アップで見るとカッコいいが手の平サイズ

砂漠地帯に棲むおとなしいトカゲだが
窮地に追いこまれると……。

も緩慢、獰猛さは微塵も持ち合わせていない。

しかし、この平和的生物は強力な最終兵器を持っている。追いつめられると、あろうことか**目から血を発射**して敵を威嚇するのだ。貧血も辞さない。捨て身かつ**突拍子もない**この反撃は、人間さえも茫然自失とさせ、飢えたコヨーテも尻尾を巻いて退散する。

こんな最終兵器があるにもかかわらず、ツノトカゲは急速に減少している。ゴルフ場やショッピングモールが生息地を奪い、主としてオーナーの脳に快楽アドレナリンを分泌させるため設計されたオフロード車が彼らを轢きつぶす。さらにペット業者には「ミニ恐竜」として売り飛ばされ、その多くがマニアの水槽という監獄で衰弱死したのだ。

一九三〇年代にカリフォルニアで世界に先駆け制定された「ツノトカ

ゲ保護法」なる環境法も個体数減少に歯止めはかけられていない。このおとなしいトカゲは当然何も語らぬが、心の内では血の涙を流しているかもしれない。

［ツノトカゲ］
全長12センチほど。北米南西部からパナマにかけての乾燥した砂漠地帯に棲む。アリなど小昆虫を捕らえて食べる。三年で成体となり、交尾期は四月下旬、七〜八月に一五個ほどの卵を産む。動作は緩慢。周囲に合わせ体色を変化させられる。環境変化に非常にデリケート。

マグロと漁師の心をえぐる
ダルマザメ

水揚げしたマグロの体の一部が、スプーンですくったようにきれいにえぐられている奇妙な現象は、長年学者や漁師を悩ませてきた。バクテリアや寄生虫の仕業と考えられていたが、近年になって商品を傷モノにする真犯人が特定された。ダルマザメである。

この体長50センチほどの小型のサメは、怖いもの知らずなのか特攻精神旺盛なのか、自分よりはるかに巨大なマグロ、クジラ、**原子力潜水艦**などに果敢に突撃する。しかし彼らはこれらの巨大な獲物に対し、

緑の瞳孔をもつ異星人的風貌

食物への執着は強いらしく、甲板に引き上げられたダルマザメが
そばに置いてあったイカにがぶりと食いついたこともあったという。

無謀な直情的攻撃を仕掛けているわけではない。ここに考あり我に策あり。サメにはサメなりの秘策があるのだ。

ダルマザメは腹部にカモフラージュ用発光器を持つ。発光器を光らせるとその姿は明るい海面に溶け込み、かき消えてしまうが、体の光らない箇所だけは、あたかも小魚のシルエットのように海中を躍る。ダルマザメはその「小魚」を追って浮上してくる大型魚を狙い猛スピードで突進、吸盤状の唇で獲物に吸着して体をひねり、剃刀（かみそり）のような歯で肉をバターのようにすくいとる。直情的な突撃どころか周到な計画である。獲物の傷口は非常に滑らかで、欧米の漁業関係者は腹を立てつつも感心し、彼らを「クッキー型抜きザメ（Cookiecutter Shark）」と命名した。

かようにこのサメは、マグロにも漁業関係者にもまことに厄介な存在だが、しかし彼らが喰うのは獲物のごく一部。自分の体を小型化し餌の量を制限、獲物を殺さぬことで資源の再利用をはかっているのではないかと考えられている。この異星人のような顔つきのサメは、地球人の未(いま)だ達成しえない循環型社会を達成しているのだ。

［ダルマザメ］

体長50センチほど。軟骨魚綱ツノザメ目。大西洋の温暖水域、太平洋に分布。吸盤状の唇で獲物に吸いつき、舌をひっこめることでさらに吸着、針状の上顎歯と剃刀状の下顎の歯で、マグロやクジラなどの肉をこそぎとり、クレーター状の傷跡を残す。腹部に発光器を持つ。胎生。

頭ブタないで

ツチブタ

十五夜お月さん見てウサギが跳ねる刻限、このウサギのようなブタのような動物は、恐る恐る地中の巣穴から這いだし、その巨大な耳であたりを警戒しつつ、ビクビクしながら付近を徘徊し始める。

アフリカ大陸きっての小心者で、敵に遭っても戦いなど望めもしない。そもそもアリやシロアリを舐め取るだけの顎は、癒合してしまって開きもしない。不審な音でもしようものなら、不安のあまり立ち上がり、突如ジェットモグラと化して穴を掘り始め、地中深く隠れてしまう。もの

爆発的スピードで穴を掘るツチブタ

行動範囲は５キロメートルほど。一晩に 30 ものシロアリの巣の「はしご」をやり、５万匹のシロアリをたいらげた記録も。肉がうまいので狙われやすい。敵はライオン、リカオン、そしてヒトなど。

の数分で3メートルもの深さを掘り抜く掘削能力を持ち、しかもそんなどでかい穴を毎晩四つも五つも掘るのでアフリカの大地は穴だらけだ。

しかし虚弱というわけではない。そのレーダー耳で**シロアリの足音を聞き分け**、シロアリ塚内を探索すると、ツルハシも歯が立たぬその強固なバベルの塔をいとも簡単に破壊する。そしてシロアリを舐め取っては河岸（かし）を替え、別のシロアリ塚でまた舐め取るという、「シロアリ塚のはしご」を毎晩やる。満腹になるとシロアリの攻撃も気にせず寝たりする。そしてかすかな物音に仰天しては穴を掘りまくる。これを飽きずに繰り返す。

他の動物に気前よく進呈するほどトンネルをたくさん掘りまくり、シロアリ城もぶち壊す。こんな力を持っているにもかかわらず、ツチブタは頭骨が非常に弱く、はたかれた程度のことで簡単に死んでしまう。大阪名物ハリセンチョップなどもってのほかだ。驚いた時など、慌てた挙げ句、脱兎の如く駆け出し、木に激突することもあるという。その場合ツチブタは地中ではなく、天国に行ってしまうのである。

［ツチブタ］
体長1・2〜1・6メートル。原始的な歯をもつ管歯目はこの一種だけで占められる。アフリカのサハラ砂漠以南の森林、草原に棲む。長い舌でアリやシロアリを舐め取る。警戒心が強く、素早く地中に穴を掘り、身を隠す。ツチブタの巣穴はニシキヘビ、ワニ、ヤマアラシ、イボイノシシなども利用する。

二人のため魚類はあるの

タイノエ

♪タイ　あなたと　ふったり　♪サバ　あなたと　ふったり……

魚の寄生虫などというものは、腸だの鰓(えら)だのという隠れた部分に、ひと目をはばかりつつ遠慮がちに棲み着くのが普通である。だが、大胆にも不敵にも、**口の中**に堂々と愛の巣を構えてしまうというくそ度胸をもった寄生虫がいる。それがこのタイノエの夫婦だ。

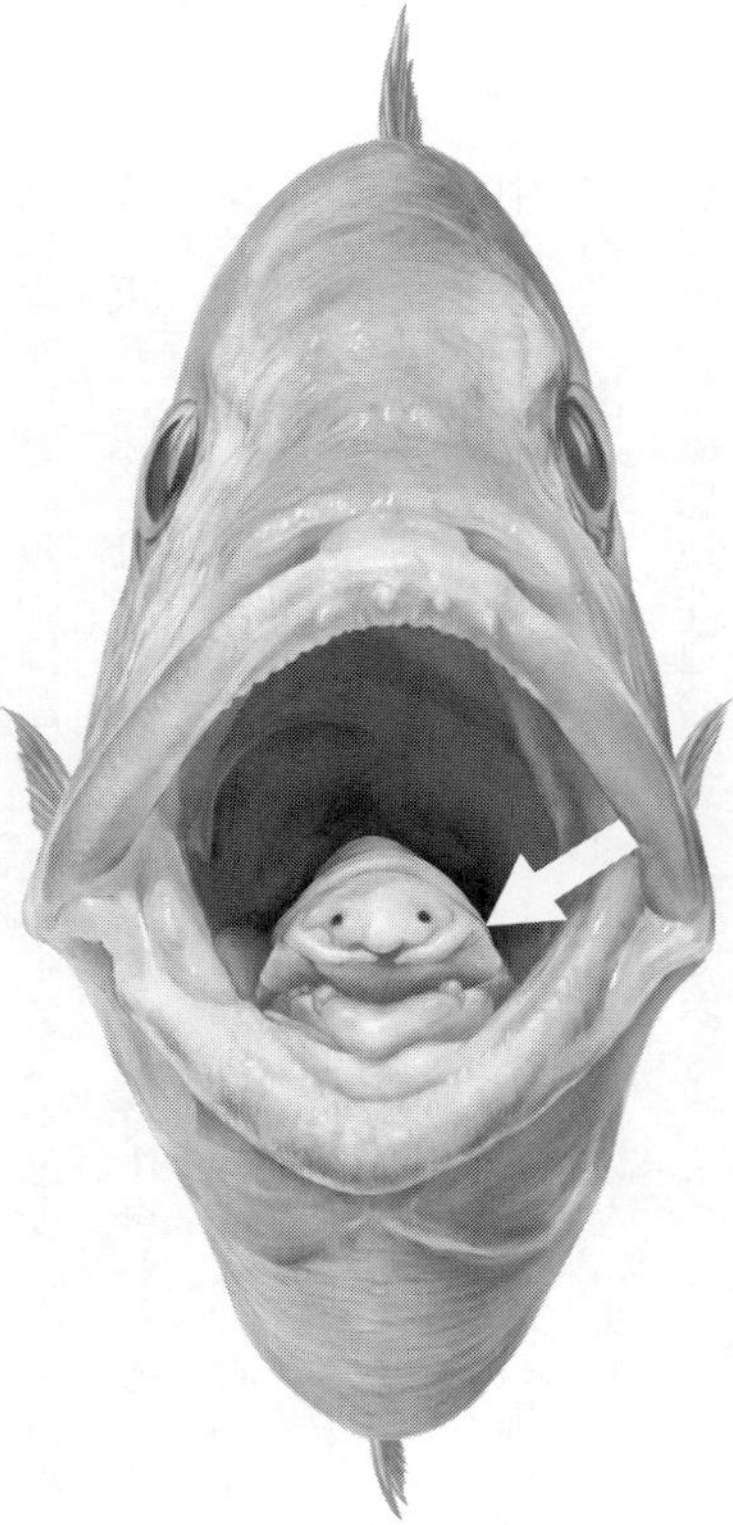

魚の口からこんにちは

鋭い爪でしがみつき、魚の体液をすする。
釣り人が針にタイノエをひっかけてしまう事があり、そうなると夫婦泣き別れである。

意表をついたこの住みかは、実は安全で合理的である。タイノエのメスはタイなどの魚の口蓋(こうがい)のど真ん中に堂々と妻の座を占め、亭主はというと天井に体をはりつかせ、夫婦で天地背中合わせの生活を送る。

かといってすれちがい夫婦というわけではなく、狭いながらも楽しい我が家、海の中だけど水入らず、二人仲良くタイの体液すすりつつ、妻は夫を慕いつつ夫は妻をいたわりつ、海水はしょっぱいけど新婚生活は甘いのねン、てなことを言っていると、いつしか妻は卵を身籠(みご)もりやがて出産、優しき母となりて子供たちが幼体になるまで大切に愛育する。魚にとっては悪逆非道の因業夫婦である。

しかし、このタイノエは別名「鯛之福玉(たいのふくだま)」とも呼ばれ、大変縁起の良いものとされている。結婚披露宴では、大抵鯛のお頭つきが振る舞われる事になっており、それだけでも二人の目出度（めでた）い門出を祝うに充分ふさわしいものだが、そんなタイの口からこんな縁起の良い福玉が這い出てきた日には、まこと吉事にて大慶の至り、目出度きことこのうえもないが、花嫁は**失禁**することだろう。

［タイノエ］
体長、雌は20～50ミリ。雄は10～20ミリ。節足動物門甲殻綱等脚目。魚類の口腔などに寄生し、その体液を吸う。宿主の魚は発育阻害などのダメージを被る。分布ははっきりしないが、南日本の魚に多く見られる。先に寄生した個体が雌に性転換すると考えられている。

いきもの夫婦善哉②

期間限定の愛、そして命

ウミテング

古き山に棲む天狗。その神とも妖怪ともしれぬ異形の存在は、実は仏法守護の山神であり、昔から人々に敬われ、また恐れられてきた。

しかし、不格好な骨板に身を包み、俊敏に泳ぐこともできず海底をのろのろと這い回っては他の魚類のいい笑いものになっているこの海の天狗には、逆立ちしても畏敬の念は抱けない。

日本近海で見られるウミテングは稚魚の頃、フィリピンから北上する

つかず離れずのウミテングの夫婦

雑食性で砂底の小さな生物を食べて
倹しく生きている。

黒潮に安寿（あんじゅ）と厨子王（ずしおう）の如くさらわれ、この見知らぬ異国に流されてきてしまった熱帯魚、いわば異邦人だ。異国故の心細さか、夫婦片時も離れず、底生生物などつつきつつ、海底でひっそりと、倹（つま）しく暮らしている。熱帯の華やかさとはほど遠い、地味な暮らしではあるが、それはささやかなれど夫婦の幸福の図といえるかもしれない。

しかし幸福は長くは続かない。ひと夏が過ぎ、冬が到来すると、低水温への耐性のない**「死滅回遊魚」**という陰気な名称で分類されるこれらの熱帯魚は、理不尽なニッポンの冬の寒さを嘆く暇もなく、ことごとく息絶える。故郷ならその寿命を全うしたかもしれぬ彼らは、異国の冷たい海でその愛と命を終えるのだ。そして彼らを運んできた黒潮は、この奇妙な夫婦の亡骸（なきがら）を再び遠い海へと運んでゆく……。

叙情性に重きをおくならここで筆をおくべきだろう。だが、こういった魚の死骸は、遠い海にゆく前に、腐食性動物のカニさんなどに目ざとく見つかり、ついばまれてしまうであろうというあられもない事実を、自然科学系を標榜（ひょうぼう）する本書としては、最後に付記せねばなるまい。

［ウミテング］
体長10センチほど。インド洋、太平洋の暖海に分布、沿岸海域の砂底域に棲む。トゲウオ目。ヨウジウオ目の近縁と考えられている。雑食性で、微小な甲殻類、ゴカイ類など底生動物を食べる。初夏から晩秋にかけて本州中部より南でも見られる。鉤状の足で海底を這い、光を嫌う。

いきもの夫婦善哉（めおとぜんざい）③
緑の森の赤い疑惑

セアカサラマンダー

セアカサラマンダーの夫婦、サラ夫とマン子の会話。

「遅かったのね」「ああ」「またあの**メス**と会ってたのね」「メスなんて言い方よせよ」「そんなにいいの。あのメス。あたしより」「会ってないったら。いい加減にしないか」「妻のマン子にはもう飽きたってわけ」「品のないジョークみたいにも聞こえるね」「よそのメスの**フェロモン**

逢瀬の後に待ち受けるＤＶ

秋から春にかけて、雄は雌を鼻でつつき、尾を震わせて雌に求愛。
雌は雄の尾に顎を乗せ、２匹くっついて「愛のがに股歩き」をするが、
しかしその後は……。

分子をぷんぷん匂わせて帰ってくるあなたも充分品がないのじゃなくって」「愛してるのは君だけさ。わかってるだろう」「そう……あなたは尻尾を激しく震わせ求愛してくれた……あたしの背中を甘噛みしてその気にさせてくれた……あたしはあなたのたくましい尻尾に顎をのせて、ひとつになって森を歩き、鳥や雲に愛の示威行動を見せつけたわ……カエルやオケラが眩しそうにあたしたちを見つめていたっけ……でも、愛は、愛はもう終わりなのよ」「話はそれだけかい。僕はもう寝るよ」「あなたって何て冷血動物なの！」「そりゃ君、**両生類**だからね。ハハ。ハハハ。ハハハハハハハ」「……死んでよ」「ハハ……ハ？」「……あなたを殺して、あたしも死ぬの」「オイ、ちょ、ちょっと待ち……」**「ガブッ!!」**「ギャ――ッ!!」「ガブッ!!」「ヒーッ!!」「ガブッ!!」「No――ッ!!」「ギェ――

ッ!!」「キャ――ッ!!」……

セアカサラマンダーは、極めて珍しい「一夫一婦制」の両生類だが、雌はよその雌とつがった「浮気夫」の雄に対し、殴る、噛むなどの激しい攻撃をくわえることが、最近の研究で明らかになった。雌のこのような行動にどのような意味があるのか、動物行動学者は研究を進めているというが、真相は上記の会話の如くであろう。

［セアカサラマンダー］
全長12センチほど。森林地帯の両生類。アメリカ東北部、落葉性の森林に生息。昆虫など無脊椎動物を餌にする。秋に交尾、雌は二年に一度産卵、食料を確保する。幼生が孵化するまで卵を守る。寿命は最高一〇年。農薬などの影響で個体数が減少している。

土星探査熱に輪をかけて

メタンアイスワーム

「燃える氷」と呼ばれるメタンハイドレート。低温と強大な水圧により水とメタン分子が結合した氷状の物質で、石油・石炭に代わる、未来のエネルギー資源としても有望視されている。

一九九七年、潜水艇でメキシコ湾のメタンハイドレート鉱床（こうしょう）調査を行ったアメリカの科学者チームは、生物の存在など想定外のこの暗黒・低温・高水圧の深海で、**ピンクのゲジゲジ**を発見した。このゲジゲジ状生物は強圧にも、凍るような低温海水にもめげるどころか、メタンの

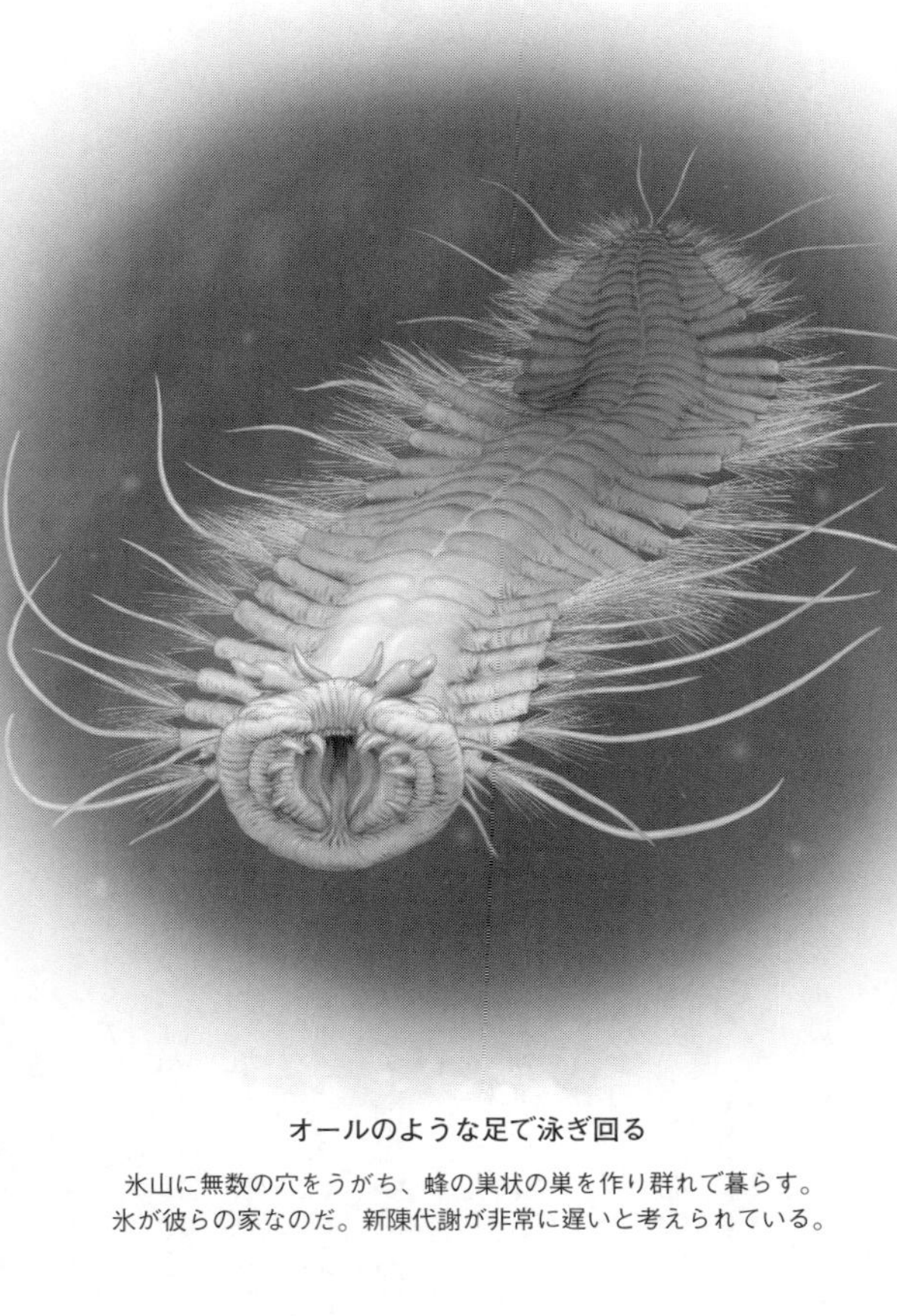

オールのような足で泳ぎ回る

氷山に無数の穴をうがち、蜂の巣状の巣を作り群れで暮らす。
氷が彼らの家なのだ。新陳代謝が非常に遅いと考えられている。

氷山に巣穴を掘り、その表面を楽しげに泳ぎ群れていた。

　折しもこの年、土星探査機「カッシーニ」の打ち上げが行われたことからこの発見は話題となり、鉱床調査そっちのけで、氷とメタンの衛星・タイタンの生命存在の可能性についての議論が沸騰、さらにはお調子者のSFマニアがこの生物に「アイス・ボーグ」なる名前をつけるにいたっては、科学者たちも憮然（ぶぜん）とせざるを得なかった。

　研究の結果、彼らはメタンをエネルギー源とするバクテリア類を餌にして、不毛の深海に生きていることがわかった。彼らには極寒のメタン鉱床は肥沃（ひよく）な大地であり、ヒトにとって彼らは「資源表示器」なのだ。

　メタンハイドレートは資源として期待が寄せられているが、当然ながら人間が線引きした経済水域なるものとは無関係に海底に眠っている。

だが共同開発などは理想論、コッカと称する霊長類ヒトの集団同士が取り分を争い、原始の時代から連綿と続くテリトリー争いを今後も続けて睨み合ううちは、資源開発もままならず、この生物も安泰である。彼らが生存の危機を感じるのは、遠い未来だろう。

［メタンアイスワーム］
体長5センチほど。環形動物門多毛綱。一九九七年に米国の科学者チームが、メキシコ湾の水深550メートルの深海で発見。メタンの氷に群れで巣穴を掘って暮らす。オールのような足で遊泳し、メタンを餌にするバクテリアを食料としていると考えられている。詳しい生態は不明。

心の影に潜む毒グモ

ヒヨケムシ

二〇〇三年、イラク戦争の戦闘終結宣言後、現地の米兵から送られた巨大なクモの画像とそれにまつわる奇怪な噂は、ネットを通じ瞬く間に全米に広がった。

イラクの巨大グモは、兵隊が寝ている間に麻酔を注射して、肉をかじりとるそうだ。勿論猛毒さ。2メートルもジャンプして、子供の悲鳴みたいな叫び声をあげて襲いかかるらしい。もう何人もやられてるんだ。そしてこいつは潜伏するフセインが操っているらしい……。

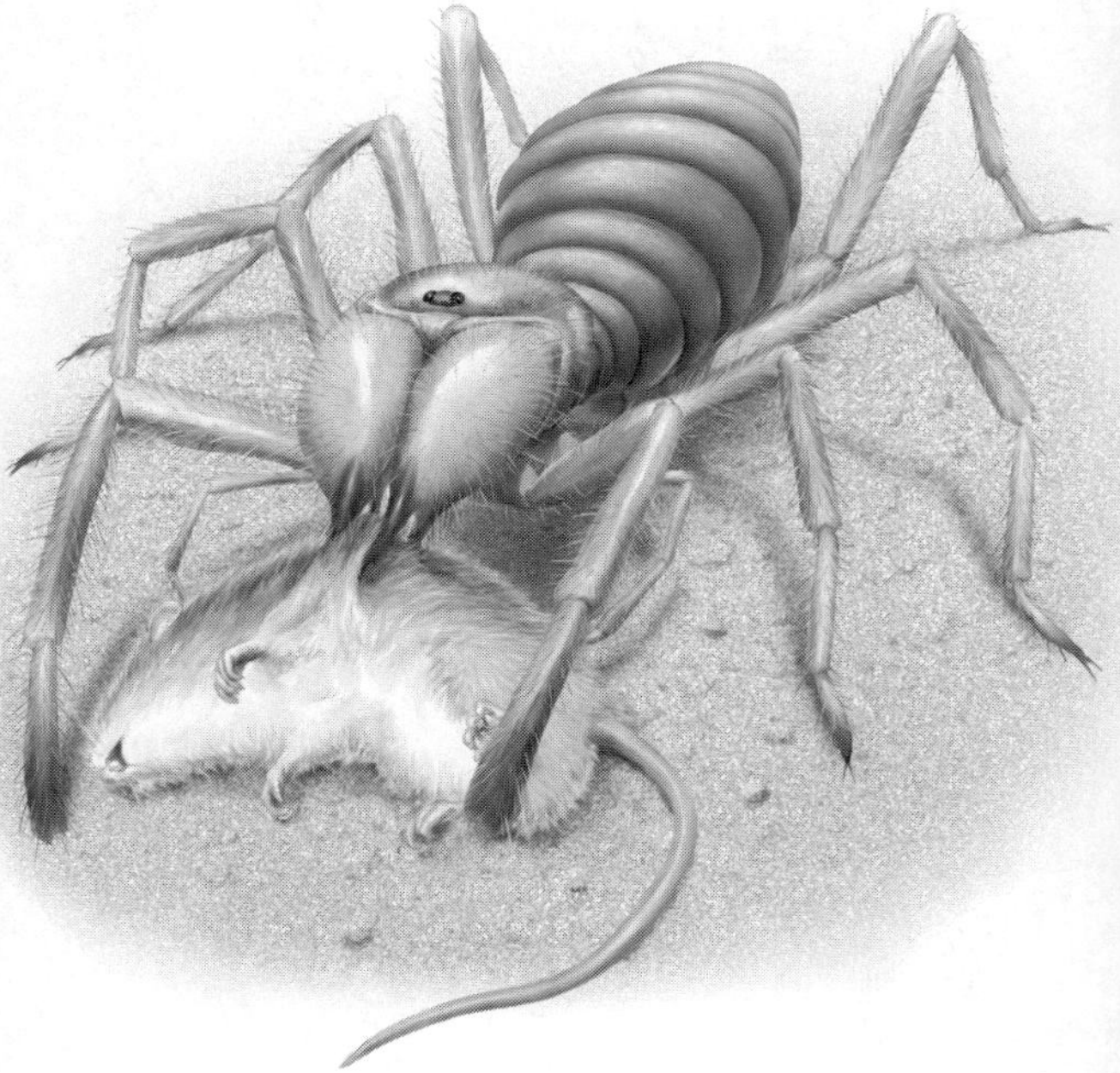

メキシコで「鹿殺し」とも呼ばれるヒヨケムシ

装甲車を追いかけ、ラクダに飛びつき胃に卵を産む、などという噂も飛び交った。
「世界三大奇虫」と呼ばれ、鳥、トカゲ、齧歯類なども餌にする狩猟者である。

無論、すべて出鱈目（でたらめ）である。そもそもこの生物はクモでなく、「ヒヨケムシ」という、クモに近縁の生物だ。名前こそ幸薄（さち）そうだが、非常に機敏かつ凶暴、周囲の振動を敏感に察知し、鳥やトカゲ、ネズミなどを捕らえては体の三分の一もある鋏角（きょうかく）ではさみつぶし、消化酵素で肉を溶かしてすすり喰らう。

だがこのように極めて攻撃性の強い生物ではあるが、普段は砂漠の穴や石の下で暮らしており、絶叫し人間を襲うなどはありえない。こんな都市伝説（フォークロア）が兵士らの間に流布（るふ）したのは何故だろうか。

高熱で炭化した一家、手足がちぎれ飛んだ子供の遺体、泣き叫ぶ母親……。米軍が侵攻したバグダッドで遭遇した、生き地獄のような光景に兵士たちが感じた罪悪感も一因であったかもしれない。しかしそれより何より、自分もいつ敵に寝首を掻(か)かれるかもしれないという恐怖が、このような噂を生んだ源であったろう事は想像に難くない。

二〇一一年、オバマ大統領はイラク戦争の正式な終結を宣言した。しかし戦争が人の心にもたらす災禍に終わりはない。ヒヨケムシはイラクに派兵された米兵たちの悪夢の中で、いまだに甲高い叫び声をあげて走り回っているかもしれない。

［ヒヨケムシ］
全長1~7センチほど。節足動物門クモ綱。熱帯から亜熱帯地方の乾燥した土地に穴を掘って棲む。酵素を分泌して獲物を体外消化する。腹の感覚器官で獲物の振動を感知すると言われる。単独で行動。雨期の終わりに交尾、二〇~二〇〇個の卵を産む。性格は攻撃的。寿命は約一二ヶ月。

変異する死に神

フィエステリア

一九九五年、米国のヌース川で一〇〇万匹もの魚が大量死、川面は死骸で埋まった。藻類研究専門の女性科学者、J・バークホルダー博士は、州のイメージダウンを恐れる行政側を退け、原因は工業廃水等による汚染で爆発的に増殖した渦鞭毛藻類（うずべんもうそうるい）「フィエステリア」なる有毒微生物だと発表した。状況に応じ、休眠形態、遊泳形態、食餌形態、また外敵攻撃用アメーバ形態など、まるで別の生物のような全く異なる**二四もの活動形態に変異**、神経毒を放出して魚類を喰い殺す。霧状化（エアゾール）して人体

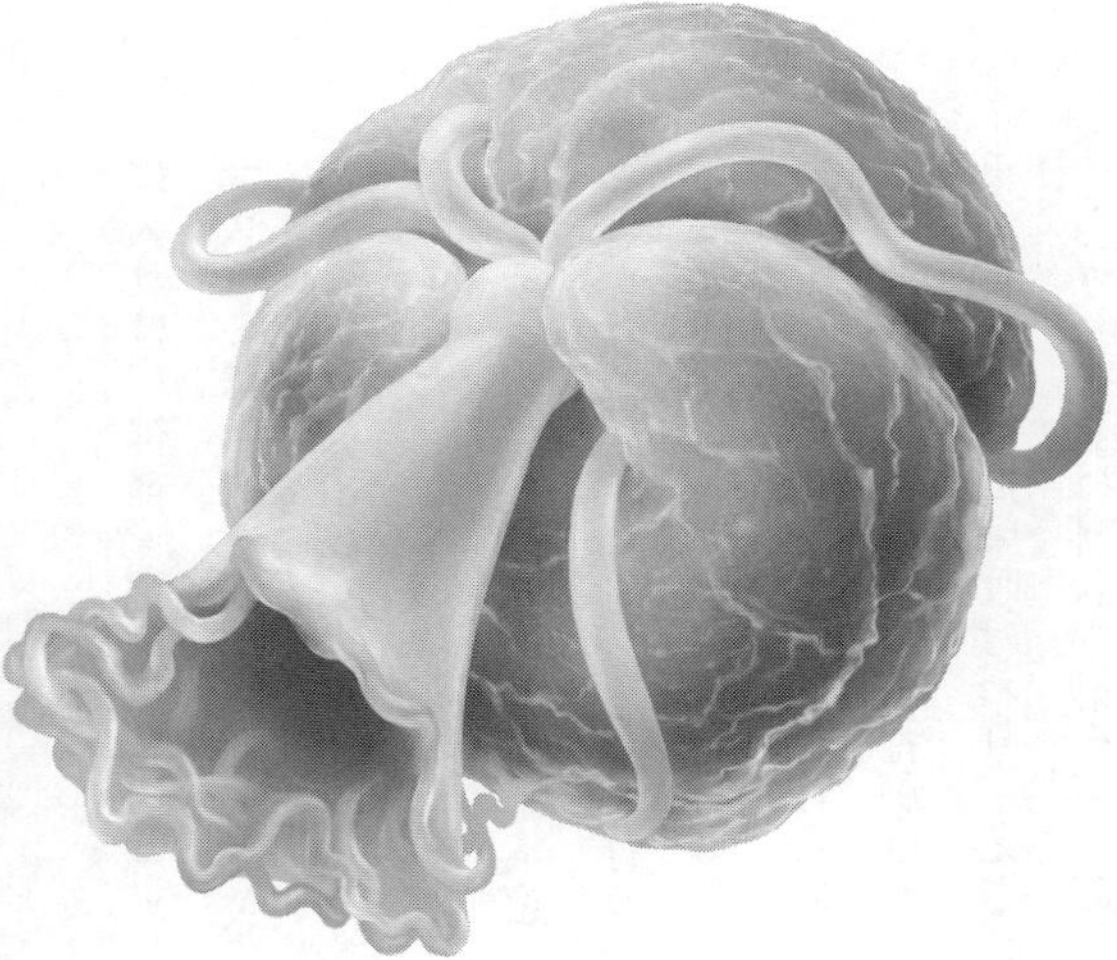

食餌形態

擬口柄と呼ばれる器官を伸ばし、魚の肉を喰らう。
この生物に汚染された河では蟹が狂ったように杭に這い登り、
魚は「死のダンス」を踊るという。

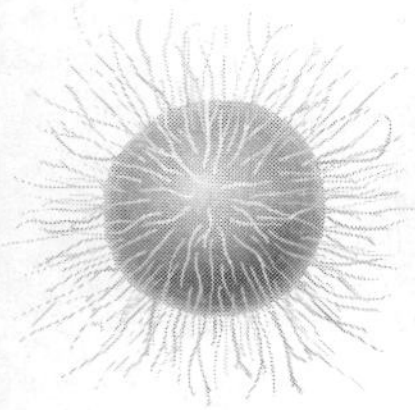

休眠形態

泥の中に眠っているが
魚の存在を感知すると
遊泳形態に変身。

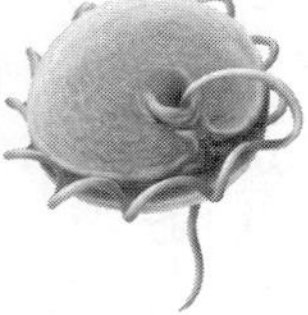

遊泳形態

魚に近づき、毒素を放出、
麻痺させて皮膚を破壊。

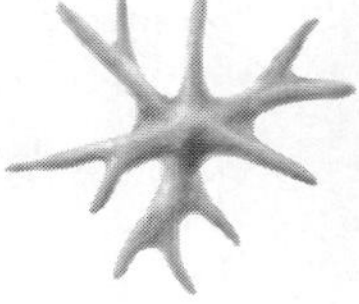

遊泳形態

突起を生やし巨大化、
天敵の繊毛虫を攻撃する。

に入れば、神経障害なども起こすというこの変幻自在の単細胞微生物を、マスコミは「地獄の細胞（The cell from Hell）」と呼んだ。

だが脚光を浴びたこの発表に、懐疑論者は「変異する渦鞭毛藻類などSF」だと反論、支持派と批判派は対立した。

こういった「純粋な科学的議論」には往々にして不純物（名声への嫉妬（しっと）、研究費獲得の策謀、企業・行政の思惑等々）が混入しがちであり、さらに専門性の壁が事実を不透明にする。事なかれ主義の官僚組織や、行政お雇いの御用学者との泥仕合に博士は否応なく巻き込まれ、そしていつの世でも、真理の探求者が迫害を受く例に漏れず、この論争でも博士は一転して詐欺師呼ばわりさえされた。

しかし彼女は誹謗（ひぼう）中傷を霞（かすみ）のごとく無視、黙々と研究を続け、二〇〇五年二月、ついにこの渦鞭毛藻類の有毒性を証明する最終実験報告が米国科学アカデミー会報に掲載された。
この女性科学者の敵は、奇怪な微生物であったと同時に、それ以上に不気味な振る舞いを見せる官僚組織でもあった。彼女はそれに独力でうち勝ったのである。

［フィエステリア］
一九九二年に発見された、単細胞微生物の一種で、有毒性の渦鞭毛藻類。致死性の毒素で魚類を捕食する。状況に応じて様々な形態に変異。魚がいなくなるとシスト（嚢子）状態で休眠、その間は光合成でエネルギーを得る。条件が整うと爆発的に増殖する。

ダツ

矢も楯もたまらず飛んでくる槍

まるで槍（やり）のような姿の魚だが、姿だけでなく本当に槍そのものであり、海面から飛んできて**人間に突き刺さる**。

ダツは魚の鱗（うろこ）の反射光に反応、キビナゴなどの群れに突進して獲物を突き刺す捕食魚である。

その習性のためか、光に対する反応は過敏かつ過激で、昼間は無害なれど、夜間になると空気中であることなど意に介さず、光と見れば矢も楯もたまらず突進してくる。

夜の海はダツに気をつけよう

漁、ナイトダイビング、麻薬密輸など、夜の海でお仕事をされる方は
くれぐれもお気をつけいただきたい。
ライトや光るものを海面に向けないことが肝要だ。

漁船の電灯漁、ナイトダイビングなどでは、突然この長ドスがライトに向かって突っ込んでくることがある。

夜の波間に抜き身一閃（いっせん）、たちまち悲鳴があがり、あたりは鮮血に染まる。潜水スーツも貫く威力、慮外（りょがい）の夜襲、闇夜の不意打ちとあっては、素人にかわせるはずもない。

ダイバー、漁師などにも刺傷例は多く、胸に刺されればその傷は肺まで達し、死亡例もある。

たちの悪い事に、この魚は刺さったあとに体をひねるので傷は深くなる事が多い。眼球に刺されれば失明、首筋に刺されれば出血多量死するという「刺毒害魚」である。

傷口に刺さったダツは、うかつに引き抜くと大出血を起こす可能性もある。

被害者を病院に運ぶ場合は、ダツは抜かずに**刺さったままで**、というのが原則である。

［ダツ］

全長最大で100センチ。ダツ目ダツ科。全世界に10属32種が見られ、日本では沖縄近海に多く見られる。鋭い歯と長く伸張した顎をもち、外海の水面近くを群れて遊泳する。日本近海には八種類。小魚、エビなどを常食にする。夏に沿岸の藻場で産卵。英名はニードルフィッシュ。

骨なしの悪魔

キロネックス

オーストラリア北部の海岸に現れる、地球で最も危険な生物とも言われるキロネックス。このクラゲに刺されれば四の五の言う暇もなく、呼吸困難、意識混濁の後、心停止に至り、**五分で死亡**する。

その際のあまりの激痛に**発狂**する者さえいるという。助かったとしても刺し傷には紅斑(こうはん)・みみず腫(ば)れが残り、痛みは何週間も続き、これまでの死者は一〇〇人以上に達するという。オーストラリア政府はネットで海岸を封鎖、警告の標識を出したが、魚のように機敏に泳ぎ回り、触

待ったなしの死をもたらす浮遊する悪魔

メメクラゲに刺され、イシャを探してさまよっても
あるのは目医者ばかり……という状況も嫌なものだが、
キロネックスに刺されればさまよう時間すらない。

手の先にある無数の「刺細胞」という発射ユニットから極微の毒針を自動発射するこの猛毒クラゲは、もはや防げぬようにも思われた。

　だが防御法は、あった。**パンストである**。このクラゲの毒針、「刺胞糸」は、何故だか、どういうわけだか、パンティストッキングは通過しないのだ。そのためオーストラリアのライフガードは全員パンスト着用である。絞殺の道具、頭に被った強盗が先っぽちょろりのコンドーム姿で銀行員を脅す等、犯罪ドラマなどではろくでもない使われ方をされるパンストだが、有効な使い方もあったのだ。

　そして人類には強い味方がいる。この猛毒生物をものともせず平らげるアカウミガメだ。脳も中枢神経もないくせにキロネックスの眼だけが発達しているのは、アカウミガメを警戒するためでもあるという。だが、ご存じのように、ウミガメ類はビニールやレジ袋などをクラゲと誤認して呑み込み、内臓に詰まらせその多くが死亡している。キロネックスに眼のほかに口があれば、ニヤリと笑っていることだろう。

［キロネックス］
刺胞動物門箱虫綱。北オーストラリアの西部海岸などに現れる。触手2メートル、重さ最高6キロにも達する、立方クラゲの中の最大種。機敏に泳ぐ。何億個もの刺細胞を持つ。小エビ、魚などを捕らえて食べる。強力な神経毒を持つ理由は摂食環境と関わりがあるものと考えられている。

尼マニアもこれはちょっと

サケビクニン

この魚のわけのわからない名前は、その頭部が坊主頭に見えることから、尼さん、つまり「比丘尼（びくに）」に由来しているのだという。

と、簡単に書いたが、この「由来」なるものは何だかずいぶん強引だ。頭が坊主というなら素直に「ボウズウオ」などと言っていればいいものを、何故わざわざ尼をもってくるのか、どうにも合点がいかない。

人魚の肉を食べ不老となり、世をはばかって出家した娘が、八百歳まで生きたという「八百比丘尼（やおびくに）伝説」というものがある。ひょっとしたら

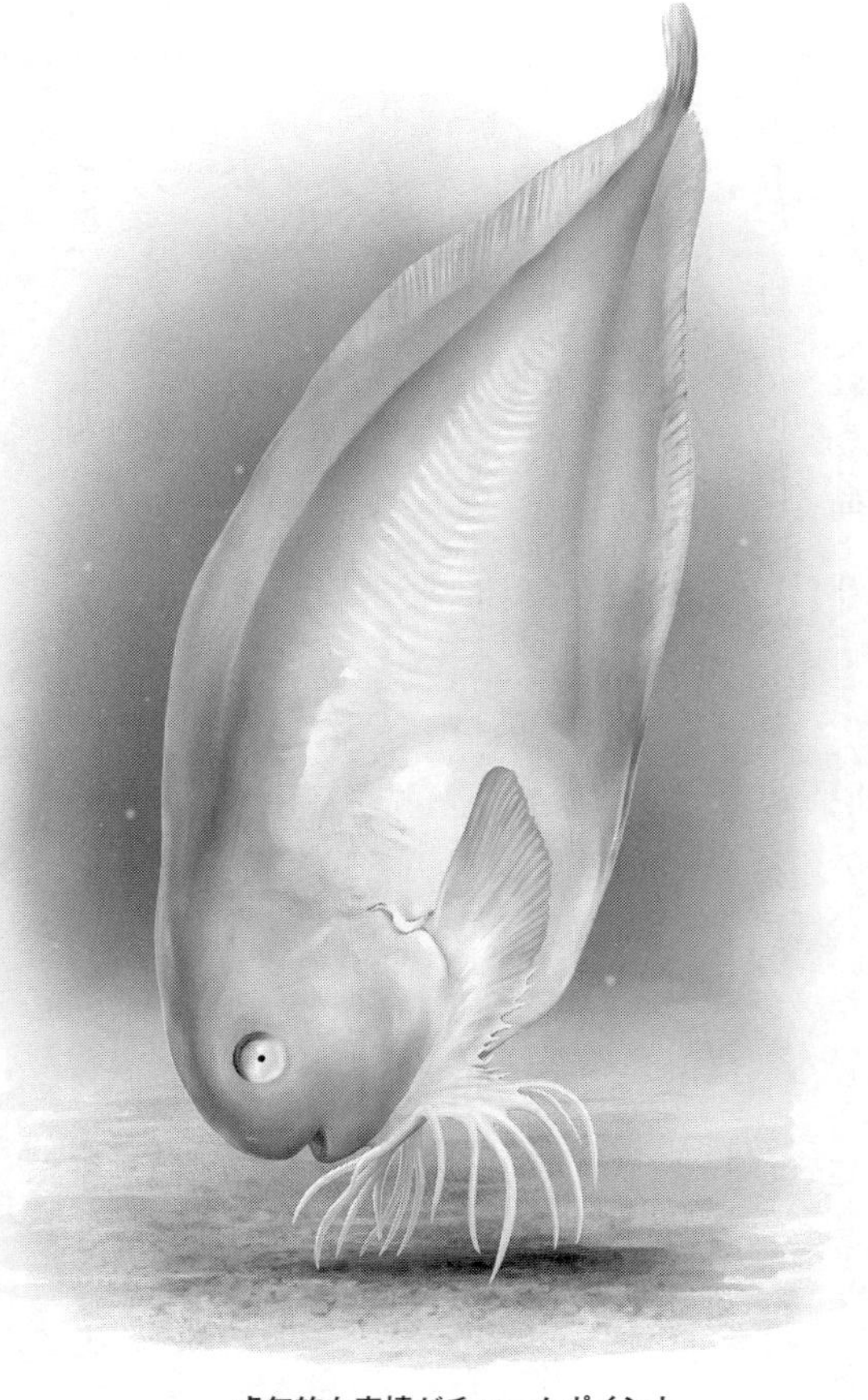

虚無的な表情がチャームポイント

味覚器官をもつ「ヒゲ」で海底の甲殻類を探し回る。
タコ漁で多量に混獲されることがある。

ここでいう「人魚」がこの魚ではなかろうか……？　などと逆説の歴史ファンタジー風に想像を逞(たくま)しゅうしても、この魚は分厚いゼリー物質で全身を覆われ、包丁も歯が立たず、食えたものではないという。

　甲殻類食いたさに、そのヒレを手だかヒゲだかもわからぬ不気味な触手へと進化させ、あまつさえその先に味覚器官まで装備するほど、生への執着丸出しなこの魚は、執着から己を断ち切り出家する尼僧の志とは一〇〇光年も遠い存在だ。虚(うつ)ろな目つきで水底をまさぐりつつ、冷たく仄暗(ほのぐら)い海の底を、赤く燃える人魂(ひとだま)のようにうつろうその姿は、逆立ちしても尼とは重ならず、「頭がつるつる」という理由だけでこんな魚を比丘尼とは世の尼僧に対して失礼ではあるまいか。

　いや、それより何より、こんな尼さんがいたらとってもイヤである。

愛と人生に悩み、意を決して尼寺を訪ねたら**こんなの**が出てきて、「人と人のつながりは糸の結び目のごとし」などという法話を拝聴させられた日には、煩悩は益々深まってしまいそうである。

［サケビクニン］
体長40センチほど。クサウオ科コンニャクウオ属。オホーツク海、北日本の太平洋岸に分布。鱗はなく、全身をゼリー状の物質で覆われている。「鰭条（きじょう）」と呼ばれる胸びれが変化した器官は、先端に味蕾（みらい）を備え、海底の甲殻類を探して捕食する。四月に産卵し、仔魚は七月に孵化する。

もし、善信院は
どちらに…

知り申さぬ！

こんな尼さんと会ったら泣く

クダクラゲ

(株)深海浮遊事業KK

Kuda-Kurage

地球で一番長大な生物はクジラでもヘビでもない。クラゲである。クラゲは成長の過程で無性生殖、つまり分裂して増える期間がある。分裂したクラゲの個体は母体とおさらばするのが普通だが、クダクラゲの場合、それぞれの個体は融合してしまう。そして分裂と融合を繰り返し、電車ごっこのように際限なくつながってゆくと、ついには**体長40メートル**もの巨大クラゲに成長する。さらにクラゲたちは、遊泳、消化、浮力調整、生殖など各々が**機能別に変身**を遂げ、それぞれの器官

個体とも集団ともつかぬ群体生物クダクラゲ

浮力調整の「気胞体」、泳ぎを司る先頭の「泳鐘」、
栄養吸収のための「栄養個虫」など、
各個体が機能別に変身。
その体は非常にデリケートで壊れやすい。

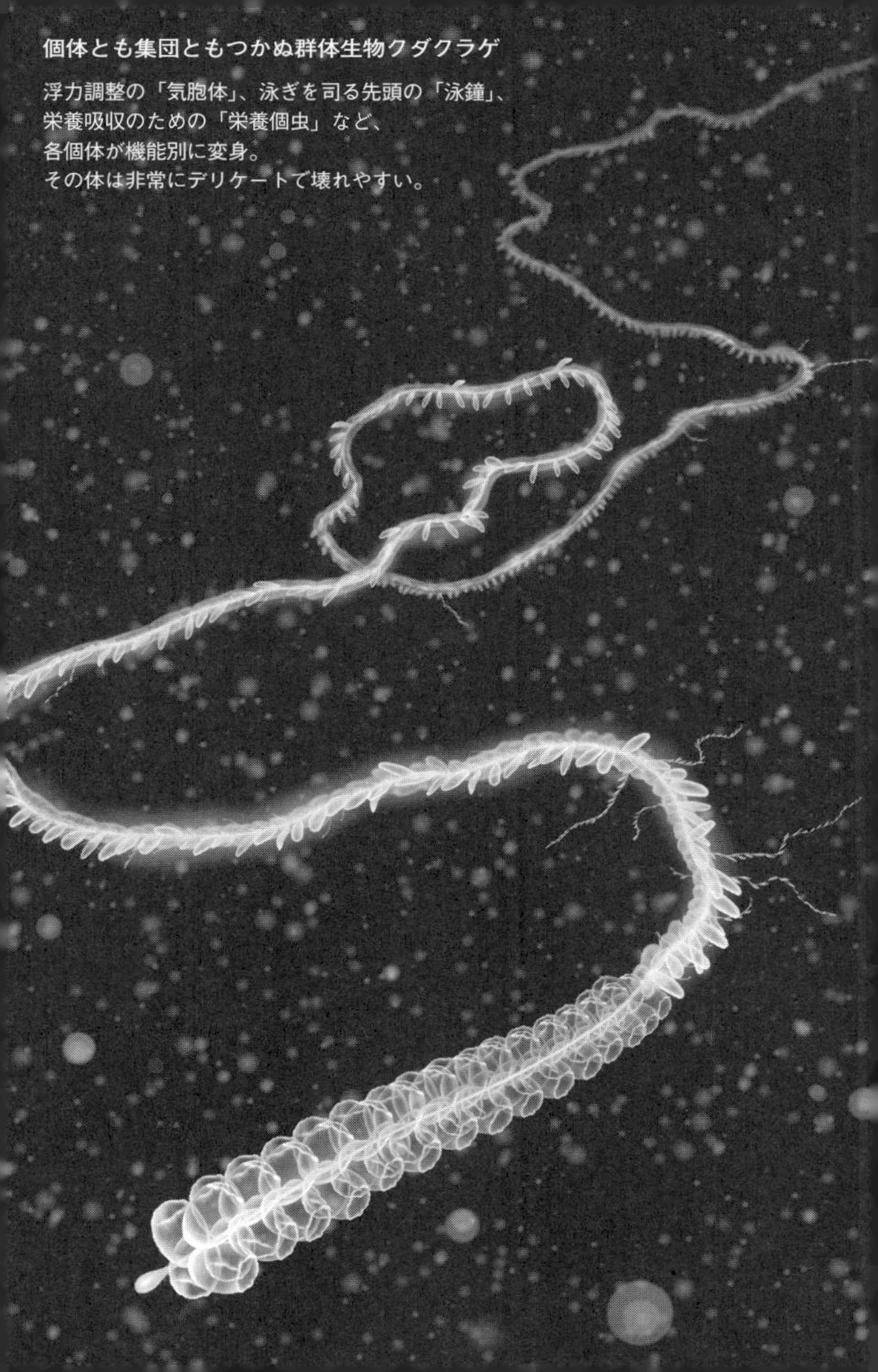

としての役割を果たす。つまり集団でありながら**一匹の生物として振る舞う**群体生物と化すのだ。

消化器やら浮き袋として過ごす人生というのも想像がつかぬが、機能が部門ごとに分かれ、各々が協力し全体のために働くという構造は、これすなわち会社である。だが、業務命令で不満な部署に配置された各個体はそのうちクダ巻き始めたりはしないのだろうか。生殖っていいな。俺っちなんか必死こいて遊泳よ。ほらボクって消化とか苦手な人じゃないですカー。浮き沈みはもう勘弁してよ……。

しかし不平をこぼしつつも居続けてしまうのが会社である。クダクラゲの棲むこの深海の層には、およそ一千万種もの生物の多様性があるともいわれ、クラゲの動物相だけでも未知のものが多数いるという。競合他社もたくさんある中では衆を頼みにひたすら長くなり、体面積を広げて餌に当たる可能性を高めた方が有利なのである。

だが苦労して長くなっても魚などに齧(かじ)られれば簡単にバラバラになる。クラゲだけに経営の浮き沈みは激しいのだ。

［クダクラゲ］
管クラゲ目に属するクラゲの総称。中・深海層に生息。モントレー湾で確認された個体は全長40メートルに及ぶ。群体が各個体に各機能を分化させ一つの生物として振る舞う。体はデリケートなゼラチン質でできている。小魚、プランクトンを餌とするらしい。詳しい生態は不明。

似てない親子を勘ぐるな

フィロソーマ

あまりに似ていない親子を見ると、ついご家庭の裏事情を勘ぐってしまいたくなるが、このフィロソーマ幼生と呼ばれるクモ状の生物がイセエビの子供だというのも、どうにも疑わしく思える。

イセエビの養殖など簡単なようだが、実は未だに実用化されていない。イセエビの幼生、フィロソーマは**厚みがなく**真横からみると消えてしまう二次元生物、幼生同士も絡まり合ってすぐ死んでしまう。変態完了まで三〇〇日をも要し、餌も非常に特殊、バクテリアにも弱い。この脆(ぜい)

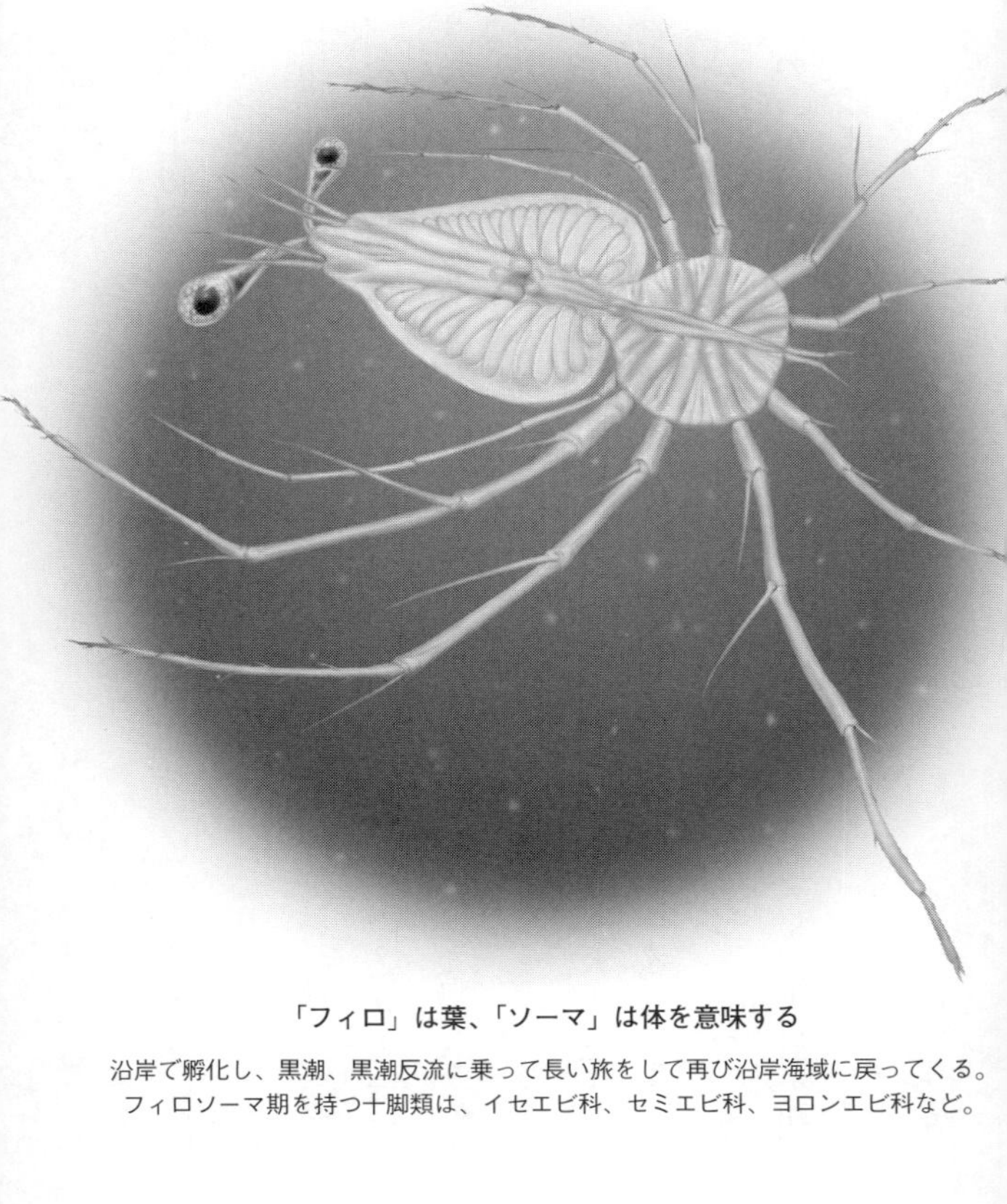

「フィロ」は葉、「ソーマ」は体を意味する

沿岸で孵化し、黒潮、黒潮反流に乗って長い旅をして再び沿岸海域に戻ってくる。
フィロソーマ期を持つ十脚類は、イセエビ科、セミエビ科、ヨロンエビ科など。

弱な平面生物の飼育は至難の業で、ましてやイセエビにまでするのは夢のまた夢であった。だが近年、新開発の回転型水槽により、三重県の科学技術振興センターは、稚エビ生産２９７匹という、世界記録を達成した。たったそれだけ？　と思われるかもしれないが、この２９７匹に到達するまで実に一世紀かかっているのだ。イセエビに賭けた男たちの苦難が大河ドラマなみに想像できよう。

　そして扁平なクモのようなフィロソーマは、三〇回も脱皮した挙げ句、痙攣と共にガラス細工のような透明な小エビ、「プエルルス」に変態、それからさらに成長して、ようやく馴染み深い形の稚エビとなる。このわけのわからないクモ状の生物は戸籍を調べるまでもなく、正真正銘、イセエビ母とイセエビ父の子供なのだ。

ちなみにイセエビの交尾は、雄が雌を仰向け（あおむ）にしてがばと組み敷くあられもないもので、見ていると何やらおかしな気分になってくる。万物の霊長が甲殻類ごときに劣情を刺激されるとはけしからんと言われても、**されるものは仕方がない**。

［フィロソーマ］
イセエビ類の幼生を総称してこう呼ぶ。孵化幼生は1・5ミリほどで、浮遊生活を送りつつ脱皮を繰り返し3センチほどになり、2センチほどのプエルルスに変態。この時期は餌はとらず、約二週間で稚エビとなり、二〜三年で親エビとなる。イセエビの産卵は五〜九月で三五〜五〇日後に幼生が孵化。

へんないきもののへんななまえ

命名者出てこい！

「ヨーロッパタヌキブンブク」という生物がいる。

この名称の由来は何となく理解はできる。

ブンブクという生物がいるのだろう。そしてその仲間にタヌキブンブクがいるのだろう。そのヨーロッパ産だからヨーロッパタヌキブンブク。

学問上は、特に何も問題ない名ではあろう。

しかし、この名をよく噛みしめていただきたい。

ヨーロッパタヌキブンブク。**ヨーロッパタヌキブンブク**。

金髪くるくる横ロール、宮廷画家・ベラスケスが描いた、文福茶釜（ブンブクチャガマ）タヌキ貴族

ヨーロッパタヌキブンブク
（イメージ）

の肖像画しか浮かんでこない。

この生物の命名者は、こういった名称を生物に与える時に一筋の疑念も持たなかったのだろうか。


生物の名前、特に和名には訳のわからないものが多い。魚類図鑑には、**「イレズミコンニャクアジ」**などという名が、普通の活字で澄ました顔をして載っている。カタギの魚類にいきなり入れ墨とコンニャクである。一体何事だろうか。

「サブ！　いっぱしに彫りなんか入れやがって！　この入れ墨コンニャクが！」などと、組の方々からも蔑(さげす)まれている、べらぼうに弱い骨なしヤクザが発見者なのだろうか。そしてサブは命名の際、「入れ墨コンニャクなんてあんまりだよ兄貴……ええい、こうなったらこの魚にもそう名付けてやれチキショウ！」などと自暴自棄に考えたのだろうか。

しかしイレズミコンニャクアジは深海魚であり、サブごときが発見するのは難しいだろう。しかもこの魚は骨なしでもなければ入れ墨模様があるわけでもない。
一体何故このような名前なのか?

だが、イレズミコンニャクアジは、まだそれぞれの単語が理解できるからいい。
「ナミベリハスノハカシパン」は、何をどうせよというのか。

この、うっかり唱えると封印されていた黄泉の怪物が復活しそうな古代呪文のごとき名称は一体何を表しているのか。別に怪しい生物ではない。棘皮動物、ウニの仲間である。

この名を漢字で書くと「波縁蓮葉カシパン」になるらしい。波べりにいる、蓮の葉模様の「花紋」を持つ、「カシパン」というウニの一種ということだ。「カシパン」の由来は、「菓子パンに似てるから」というまことに単純かつ素っ気ない理由によるものである。海辺

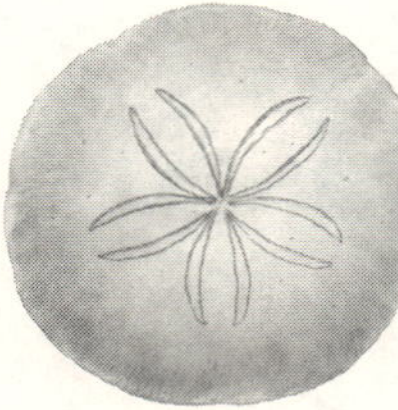

ナミベリハスノハカシパン

でアンパンやらジャムパンが波に洗われている光景には叙情もへったくれもないが、波縁の蓮葉に菓子パンがつくという奇妙な名前であっても、漢字で見れば、一応、意味は通ることがわかった。

では、**「エンカイザンコゲチャヒロコシイタムクゲキノコムシ」**は一体どう解釈せよと言うのか。

宴会ばかりやっている宴会山に住む焦げ茶色の浩子が、ムクゲに生えたキノコを敷いてお迎えした虫なのだろうか。浩子って誰だ。昔つきあってた女か。いや浩子は宴会山なんぞという所に住んではいない。あの女は高円寺の……。いやまあそんな話はどうでもよろしい。全くもって、一体何がどうなれば、こんな般若心経のような寿限無的名称がつけられるのだろう。

これは生物の分類上の所属を、名前にすべて書き表したという、学者の配慮という名の無配慮から生まれた名前といえる。学問的厳格さをあくまでも遂行しようとする几帳面さと、社会的センスの欠如を併せもつ、いわゆる「学者バカ」の特性をよく象徴しているようにも思える。

だが分類上の所属をその名称に与えることが全部バカげたことかというとそうでもない。**「トゲアリトゲナシトゲトゲ」**は、「トゲトゲ」という名のトゲのある甲虫の俗称として広く流布してきた。「トゲトゲ」の仲間にトゲのないバージョンの「トゲトゲ」がおり、「トゲ**ナシ**トゲトゲ」と名付けられたが、この「トゲナシトゲトゲ」からさらにトゲのある変種が発見されてしまったので、最終的な名称が「トゲ**アリ**トゲ**ナシ**トゲトゲ」となったという。分類から発見の経緯までわかる、理路整然とした隙（すき）のない名称である。しかし聞いているうちに妙にトゲトゲしい気分になってくるのはどうしたことか。

しかし、こういったシステマティックな命名法は、言語的逸脱さえしなければうまくゆくはずなのだ。「コマカドメクラチビゴミムシ」は「駒門風穴（こまかどふうけつ）」で採取された「メクラチビゴミムシ」であることが一目瞭然（りょうぜん）である。**「ポンポンメクラチビゴミムシ」**は「メクラ」で「チビ」で「ゴミ」と不適切な単語が三連発、その上さらに「ポンポン」と来た日には、再び心がトゲトゲしてくるかもしれないが、「ポンポン山」で採取された「メクラチビゴミムシ」であることがやはり一目瞭然である。その上「ポンポン山」も京都に実在するのだから怒ったりしてはいけない。

「オジサン」という名の魚もいる。海面を指さして「アッ、オジサンだ！」などと叫ぶ人がいても、別に溺死体（できしたい）を発見したわけではない。また、一郎も二郎もいないのに何故か**「サブロウ」**という魚もいる。

魚の中で長い名としては、**「ウケグチノホソミオナガノオキナハギ」**というカワハギの一種がいる。これも前述の「宴会山に住む焦げ茶色の……」の類（たぐい）かと思いきや、言いやすいように五・七・五で区切ってあるところが、大変親切であるといえる。確かに七五調で詠（よ）んでみると、言いやすい上に何やら人生の奥行きのようなものまで感じられ、在原業平（ありわらのなりひら）の句と言われても信じてしまいそうだ。

何だか知らないが、迫力一点張りで押し切ろうという名前もある。

「ハエジゴクイソギンチャク」は猛毒を吐き、卑劣な手で仮面ライダーを苦しめそうだ。**「ジャイアントクラブスパイダー」**は家々を潰して歩きそうだし、**「キャノンボールクラゲ」**に至ってはマッハ3で突っ込んできて大爆発しそうだ。**「ロケットイザリウオ」**は、普段は海底を泰然と歩いているイザリウオが銀河の果てまでぶっ飛びそうである。

「ドウガネブイブイ」というコガネムシの一種には、理由もなく威張られそうだ。また**「デカイヘビ」**は、牛ぐらい呑みそうな名前だが、とぐろを巻くとハチマキほどの大きさででかくもなんともない。

飛ぶといえば、カメの一種で**「シネミス・ガメラ」**というのがいる。これは白亜紀のカメの一種で、化石で発見された古生物である。カナダ人の特撮オタクの学者が命名したというが、生物学者にこんなマニアがいると、新種が現れるたびに「何とかバラゴン」とか「かんとかドゴラ」といった名がつきそうなので、これぐらいにしておいてもらいたい。ただでさえモグラの学名は**「モゲラ」**だというのに。

しかし、名前というものは学者がつけるだけでなく、自然発生的なものも多く、その俗称には怪獣めいたものが少なくない。しかし、そもそも怪獣や異星人の類は海産物や昆虫をモチーフにデザインされていることも多いので、このような名が出てくるのは必然ともいえる。

そのものずばりの**「ウルトラマンボヤ」**。群体性のホヤの一種である。たしかにウルトラマンの顔が寄り集まってできたようで、それぞれが「ヘアッ」とか「アワッ」とか「デュウワッ!!」などと叫んでいるようにも見える。ウルトラマンの永遠のライバル、バルタン星人に似ていると言われる**「バ**

ウルトラマンボヤ

ルタンエビ」も存在すれば、**「エレキング」**と呼ばれる「チョビヒゲウミウシ」もいる。

「アメイロヒルゲンドルフマイマイ」というアーリア系のようなアワビの一種もいる。軟体のナチスの将校のようだ。ダーウィニズムを悪用、自ら貝類の優性種と名乗り、冷徹かつ狂熱的に近隣のアサリやハマグリなどを虐殺しそうだ。そして戦後は「虐殺の事実はない、ねつ造である」などと言い出し、戦争責任についてはは貝だけに貝のごとく口を閉ざすのだ。

「シデムシ」は漢字で書くと**「埋葬虫」**となる。こんなのにたかられたら、ポーの世界そのままに生きながら埋められそうである。

ホヤといえば**「マンハッタンボヤ」**という、NYの舞台でエンターテイナーとして活躍していそうなホヤもいる。「マンハッタントランスボヤ」というのがいたら来日して、粋なハーモニーを聴かせてもらいたい。

ご存じの方も多いであろう、**「スベスベマンジュウガニ」**。このカニは、まあスベスベなのだろう。そして饅頭のように丸いのだろう。だからといって、あこのカニは本当にすべすべしていて丸いことであるなあ……という感嘆をそのまま名称にしてしまうというのは、素朴というか、印象批評というか、素直すぎやしまいか。しかしこの無意識過剰さこそが、この名のパワーを保持しているともいえる。

一〇年ほど前、NHKはこのカニに目をつけ、「みんなのうた」で「恋のスベスベマンジュウガニ」などという、脳細胞のシナプス結合を狂わすようなアヴァンギャルドな歌を放送したことがあった。政治家にペコつき、受信料を着服などして当時は大いに株を下げたNHKであるが、こんなクレージーでアナーキーな歌を放送したり、「人間講座」などといった地味ながら内容深い番組を営々と作っていたりするのは、視聴率キープのため低脳化の一途をたどる民放のバラエティー番組などに対する、制作現場のツッパリであるのかもしれない。それにしても、ＮＨＫのトップは**「シマゲジ」**だの**「エビ・ジョンイル」**だのと、節足動物ばかりなのは何故だろうか。

なお、スベスベマンジュウガニに対抗するわけではなかろうが**「スベスベケブカガニ」**というのもいる。どっちかはっきりしろと言いたくなるが、全く毛深くない。

アカクラゲは、乾燥し、粉にするとくしゃみを起こさせるというところから**「ハクションクラゲ」**とも言われる。「クシャミクラゲ」と言わず、「ハクション」の方に振るところがミソだ。真田幸村はこれを利用し、敵にくしゃみを起こさせ困らせたというが、かの真田幸村がこんなファミリーマンガのような戦法を本当にとったかどうか、真偽のほどは定かではない。

ウミウシの仲間で**「オシャレコンペイトウウミウシ」**とか**「エレガンスウミウシ」**というのもいる。しかしいくら本人がお洒落(しゃれ)ですとかエレガンスなんですと強弁しても、所詮(しょせん)ウミウシなので木に竹を接(つ)いだような印象は否めない。「金平糖」が入った時点で致命的だ。

「名前なんてものはオメ、区別がつきゃいんだ区別がつきゃあよう」といった具合なのか、実にずさんで乱暴な名前をつけられる生物もいる。

「カッパハゲ」などというのはまだいいとしても、**「クソイカ」「クソガニ」**だの**「ブタハダカ」**だの**「ボロカサゴ」「ウンコタレ」**などはあまりといえばあまりである。声に出しては読みたくない。

「エッチガニ」「ツンツンイカ」は、そのはさみやら触腕で一体何をするのかと想像すると、前を押さえて逃げたくなるが、エッチガニは甲羅にH模様があるというだけ、ツンツンイカはツンツンと泳ぐだけである。**「チクビクラゲ」**というのは傘に小さい突起があるクラゲだが、「ボタンクラゲ」や「イボクラゲ」などと言わず、わざわざ「乳首」を持ってくるあたり、命名者の何らかの意図を感じる。

生物の名というものは、ラテン語による「学名」があくまでも「本名」であり、そういう意味では標準和名といえども、いわば「あだ名」のようなものにすぎない。外国の生物の命名法にはかなりいい加減なところがあるが、日本は外国産の生物にも、せっせと和名をつけ続けている。

動物の学名は「国際動物命名規約」なるものに則って命名しなければならない。この規約には生物の命名にあたっての細かい規定があるが、和名にそのような厳格な規定は存在しない。さらには学者や研究者でないと命名できないということもない。ならば新種を発見しさえすれば誰でも生物の命名者になれるのだろうか？ そして命名はやりたい放題のつけ放題になるのだろうか？

新種のナメクジを発見、**「ズッポリナメクジ」**などと命名したいと考える。間違いなく抵抗を示されるであろう。だが、スベスベマンジュウやポンポンメクラがよくて、ズッポリは否という線引きはできまい。

「ノッピョッピョナメクジ」などという名前はどうであろう。意味はまったくない。**フィーリング**である。ふざけるな、という決まり文句を投げられそうだ。しかしくどいようだがスベスベマンジュウが存在するのだ。ここはひとつフィーリングで許してくれはしまいか。

命名範囲をさらに広範に拡大してみる。「**奥さん今夜どうです**」などという名前はどうだろう。フェロモンに惹(ひ)かれる夜蛾(やが)などならぴったりではなかろうか。「**タデクウムシモスキズキ**」(蓼食う虫も好きずき)とか「**エイコセイスイ**」(栄枯盛衰)などと故事を引き合いに出すのも、人生の含みというものを感じさせてよいだろう。

高名な文学作品や映画のタイトルをそのまま生物の名前にするというのもいいかもしれない。「**二十四の瞳**」は複眼のある昆虫向きかもしれない。「**砂の器**」という渡り鳥がいたりしたら、飛んでいるだけで泣けてきそうだ。「**痴人の愛**」「**砂の上の植物群**」などという生物がいたら、生殖関係にひとくせありげなものを感じさせる。「**潮騒**」というヒトデや、「**雪国**」といったホタルがいたりしたら、美しかろう。

当然これらのくだらぬ考えはすべて却下される。いくら厳格な規定がないといっても、標準和名の命名にはガイドラインというものがあり、これらを遵守するよう「配慮」が要請されているわけで、いくら発見者とはいえ、新種の蝶に勝手に「四季・奈津子」などと命名するわけにはいかないのである。様々な生物に様々な固有名詞（ズッポリ・奥さん等）が無秩序につけられては、分類学上大変困るわけである。

だが、これはあくまで「要請」であり規定ではない。しかもその要項は「これまでの慣習に則り、生物の特徴を端的に表し、かつ読みやすく美しく格調高く……」といった調子で、要するに「大人の常識の範囲内であんまり突飛じゃなくやってネ」という話なのだ。

新種を発見し、標本を専門家に同定してもらい、学術誌に論文のひとつでも発表し、なおかつ上記の要項を満たす生物学的、分類学的知識があれば、学者でなくても胸を張って命名はできよう。特に「生物の特徴を端的に表し」のあたりにつけいる、ではなかった、オリジナリティを発揮する余地は充分ありそうだ。志ある方は、是非挑戦して無味乾燥な名が並ぶ図鑑の中にきらりと光るセンスを刻印していただきたい。

ちなみに冒頭で述べた「ヨーロッパタヌキブンブク」の生物学的説明を何もしていなかったが、阿呆(あほ)くさい名前なので調べる気も起きない。要するにまー何だ、どっか海の方にでもいるんじゃないですか。詳しく知りたい方は図鑑や解説書などをお読みいただきたい。

ミズヒキイカ

イカす男たちのイカ臭い情熱

一八六一年、フランスの軍艦はカナリー諸島付近で遭遇した巨大イカに仰天、**砲撃した**。一八七八年、カナダ東部の島では10メートルのイカが座礁。一九三〇年代、ノルウェー海軍は少なくとも三度巨大イカの攻撃を受けたと発表。一九六五年には旧ソ連の捕鯨船員が、そして一九六六年には南アフリカの灯台守が巨大イカとクジラの戦いを目撃。一九九七年ニュージーランド沖で捕獲された巨大イカはニューヨークのアメリカ自然史博物館に送られ学者を狂喜させ、二〇〇二年、京都の五色浜

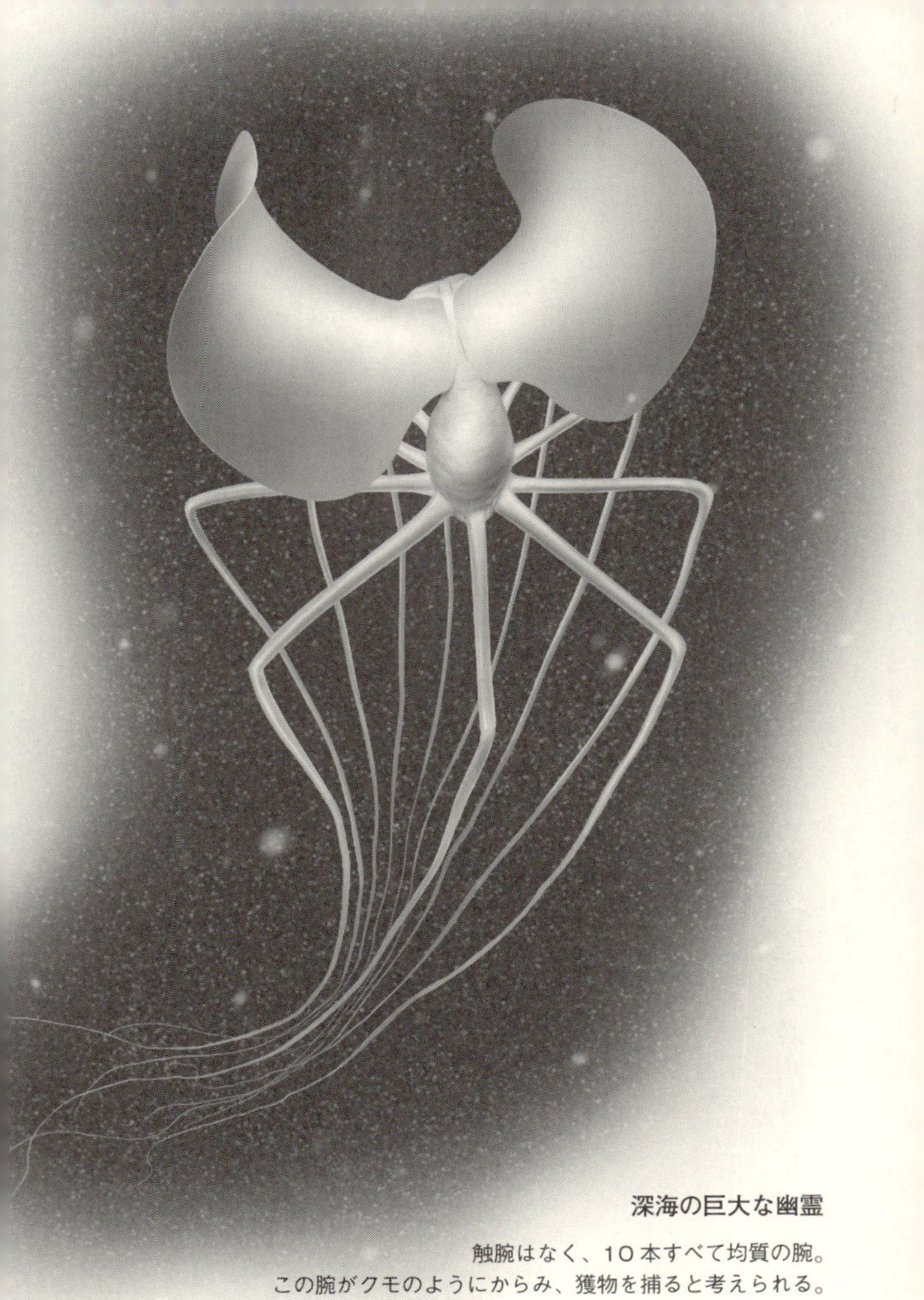

深海の巨大な幽霊

触腕はなく、10本すべて均質の腕。
この腕がクモのようにからみ、獲物を捕ると考えられる。

海岸には胴長2メートルのダイオウイカが漂着。大航海時代より今日まで、巨大イカ逸話は非常に多いが、その生態は未だに謎（なぞ）であり、未知の種も多い。

二〇〇一年、インド洋深海の深層域でこの新種の「ミステリーイカ（Mystery Squid）」は偶然発見された。全長7メートル、その九割方が腕で、他のイカのように水は噴射せず、ダンボの耳のような巨大なヒレで舞うように泳いでいた。一〇本の「水引」のような細い足が、クモの巣のように餌をからめとるのではないかと考えられるが、生態はほとんど不明だ。

恐竜より未知の、巨大頭足類が棲む地球で最も広大な深海域は、最も謎の生態系である。スミソニアン博物館は巨大イカ探検に五〇〇万ドルを投入、クジラにTVカメラをつけ巨大イカを撮影する計画もあり、二〇一三年、ＮＨＫのスタッフはついに世界で初めて生きたダイオウイカの撮影に成功した。巨大イカに血道をあげる男は数多くいるのだ。
巨大イカ、それは男のロマン。巨大イカ、それは未知への挑戦。スミと粘液にまみれ、強大な嘴（くちばし）でその身を引き裂かれても本望というイカ臭い男たちが、今日も地球のどこかでこの怪物を追いかけているのだ。

［ミズヒキイカ］
全長7メートル、胴体部分50センチ。大西洋、インド洋、太平洋で八個体の同属種が報告され、深海の中・深層域に生息していると考えられる。二〇〇一年の『サイエンス』誌上で発表される。ヒレで泳ぎ、水は噴射しない。まだ標本も採取されておらず、この和名も仮称ということである。

前略　蛙のおふくろ様

フクロアマガエル

少年はいつ母のことを「おふくろ」と呼ぶようになるのだろうか。

叩かれ、挫折し、悔し涙に濡れ、いつしか一人前の男に成長した少年の心の奥には、いつだってあの優しく、そして厳しかったおふくろがいる。そしてその慈愛に満ちた微笑みには、「ママ」でもなく「お母さん」でもなく、やはり「おふくろ」という言葉が一番ふさわしい。

だがそのおふくろが存在するのは人間界だけの話ではない。

南米にいる蛙のおふくろさん、フクロアマガエルは、背中の保育嚢と

卵を女房蛙の背に押し込むのは、亭主蛙の役目

おふくろさんよおふくろさん。空を見上げりゃ空にあり、池を覗けば池にある。
仔を背負ったり付き添ったりといった、カエルの親による仔の保護例は多い。

呼ばれる袋に受精卵を詰め込み、六週間にわたり背中で子供たちを育てる。幼生は保育嚢内の毛細血管から酸素を取り込み、母の背に揺られ、兄弟たちと共に何の心配もなく暮らす。

だが、安寧の日々は突如終わりを告げる。ある日、母は後ろ足を背中の袋に突っ込み**オタマを外に掻き出す**。子供たちは安全な母の背中から、ワニやらヘビやら魚やら、海千山千のごろつき共が蠢く厳しい外界へ強制排出、否応なく自立させられる。しかし、ある程度育ってから放たれる幼生は外界でも生存率が高いのだ。この一見厳しい処遇も、おふくろの知恵と慈愛のなせるわざである。

前略　蛙のおふくろ様。子供たちへの厳しさも、あなたの愛情なのですね。人間でも子離れできない母親はたくさんいるというのに、尊敬します。両生類でも、そのまことの母心に俺、打たれました。
……おふくろ様。ごめんなさい。ウソです。やっぱりきもち悪いっす。
ああっ。こっち来ちゃいやですおふくろさん！　ぴょーん。だめだって
ば！　来るなっての！　**ぴとっ**。いやーっ！　取って取って！　マ
マ！　ママーッ‼

［フクロアマガエル］
体長3～4センチ。南米北西部に分布。小昆虫を捕らえて食べる。四五種あるフクロアマガエル属の代表的な種。受精卵は雄により雌の背面後部の袋に押し込まれ、幼生は内部で孵化、六週間の後、雌により外界に放たれる。その後、オタマジャクシ幼生はしばらく集団で暮らす。

長いものに巻かれたくない

オニイソメ

女子には忌み嫌われ、「釣り餌お徳用パック」に詰められ、塩漬けにされ、釣り針に串刺しにされて投げ釣りに使われれば空中で体が千切(ちぎ)れてしまったりする気の毒なゴカイ類。しかしゴカイと近縁のイソメ、中でもオニイソメはこれら哀れな釣り餌とはひと味違う。

体表は妖しい虹色を帯び、体節数は五〇〇を超え、胴回りは親指より太く体長は最大**3メートル**に達する。海底の穴に潜み、獲物を猛スピードで攻撃、半月刀の牙で抑え、鋸(のこぎり)引きで一刀両断。またその死体か

電撃的スピードで獲物を捕らえ、穴に消える

5本の触手で獲物を検知、「はさみアゴ」「切断アゴ」で捕らえる。
英名の「ボビット・ワーム」は夫のペニスを切断したという
米国版・阿部定事件「ボビット事件」に由来する。

ら出るネライストキシンという毒は嘔吐・頭痛・呼吸異常などで釣り餌業者を悶絶させ、死後も人間を呪い続ける。無抵抗なゴカイ類とは、同じ多毛類でも毛色が違う不気味で攻撃的な生物だ。

映画や小説の世界では、何故かこういった不気味な生物に限って化学汚染やら放射能の影響で巨大化することになっている。近年に至っても海洋汚染は未だとどまらず、我が国でもロンドン条約を批准するまでは、放射性廃棄物を海洋投棄していたので、オニイソメが巨大怪獣に変異しても**ちっとも不思議ではない**。

巨大怪獣オニイソメギラーはまさに鬼となり、無数の同胞を殺戮した人間に復讐するだろう。手始めに**屋形船を撃沈**、酔っぱらいおやじを首チョンパ。やめておくれやすうと叫ぶ芸者衆もこれまた首チョンパ。

映画なら、最後は新兵器で退治されてしまうのだが、実際、廃棄物による生物圏への影響は甚大で、現実に来るであろう人間へのしっぺ返しは、巨大イソメどころではないかもしれない。

［オニイソメ］

体長最大3メートル、体幅3センチ、体節数は五〇〇に達する。環形動物門多毛綱。世界中の温帯・熱帯水域に広く分布。岩礁域の隙間、珊瑚（さんご）の死殻の下などに棲む。イソメ属の中で最大種。夜行性。雑食性で無脊椎（むせきつい）動物や甲殻類も捕食。雌雄異体。疣足（いぼあし）の基部に櫛の歯状の鰓を持つ。

その名も海組、夢なま子

ユメナマコ

何の芸もあるでなし。海底に芋のように転がり、ただ黙々と泥を舐める面白くもおかしくもない毎日。地味で野暮なナマコ類にもし視覚があったとしても、優美に泳ぐユメナマコの存在はあまりに高貴で眩し過ぎ、とても凝視などできないだろう。この美しい姫君に比べれば、他のナマコ類など下男か端女（はしため）に過ぎないとさえ思えてくる。

冷たく透き通った体に、熱く燃えるルビイの紅をたたえ、深い海に咲く薔薇（ばら）の帆に水中の柔らかな風をいっぱいにはらむと、軽やかに舞い上

宝塚海組・夢なま子、デビュー。

あまりの美しさに、アメリカの郵政公社も
深海生物切手（33セント）の役者に彼女を選んだという。
前端にあるのが口で、海底表面の腐泥有機物を召し上がる。

がる。そしてその深紅の裸身を、官能的ともいえる優美さでくねらせて、静かに、だが力強く水を打っては舞い踊る。

その高貴な姫が召し上がるのは、他の卑しきナマコ共と同じ、腐泥中の有機物。だが姫はそのようなことは気にかけぬ。ひと時、海底に舞い降り、有機物を優雅にすすると、彼女はまた軽やかに飛翔する。そしてシースルーの臓物を大胆にひけらかし、**人生の九割の時間を遊泳して**過ごす。その美しさの前では、「棘皮(きょくひ)動物の遊泳における生態学的意義」などという科学的検証は、野暮に尽きよう。捕らえられると組織は変化、色は抜け落ち、けっして良い標本にならないという。敵の手に落ちれば舌を噛みきらんとする、姫の気位でもあろう。

もし故タルコフスキー監督がナマコの映画を撮ったとしたら、無論主役はこのユメナマコだったろう。深海で舞うユメナマコの、極めて美しく、また極めて緻密な映像が三時間半にわたって続くのだ。その映像美に、映画が終わる頃には、観客もいつしか夢の中だろう。

［ユメナマコ］
体長5〜25センチ。棘皮動物門ナマコ綱。全世界の深海400〜6000メートルで観察されている。海底表面の腐泥などを餌とする。口の周囲に二〇本の触手がある。背面には帆状の構造をもち、流れに乗り浮遊する。卵は3・5ミリと大型。

目が離れてる男から目が離せない

シュモクバエ

己が遺伝子を残すため、雄同士は雌を争い、闘う運命にある。闘魚は互いを切り裂き合い、ゾウアザラシは1トンの巨体で血みどろの肉弾戦を演じ、イチジクコバチに至っては、その鋭い大顎で、手脚ちぎれ内臓乱れ飛ぶ凄(すさ)まじい死闘を展開する。

だが、このキルギス星人似のシュモクバエはそんな野蛮で愚かしい真似はしない。彼等の闘いの手法、それは「計測」である。

雄同士は顔つきあわせ、互いに目玉の離れ具合を入念に計測。目と目

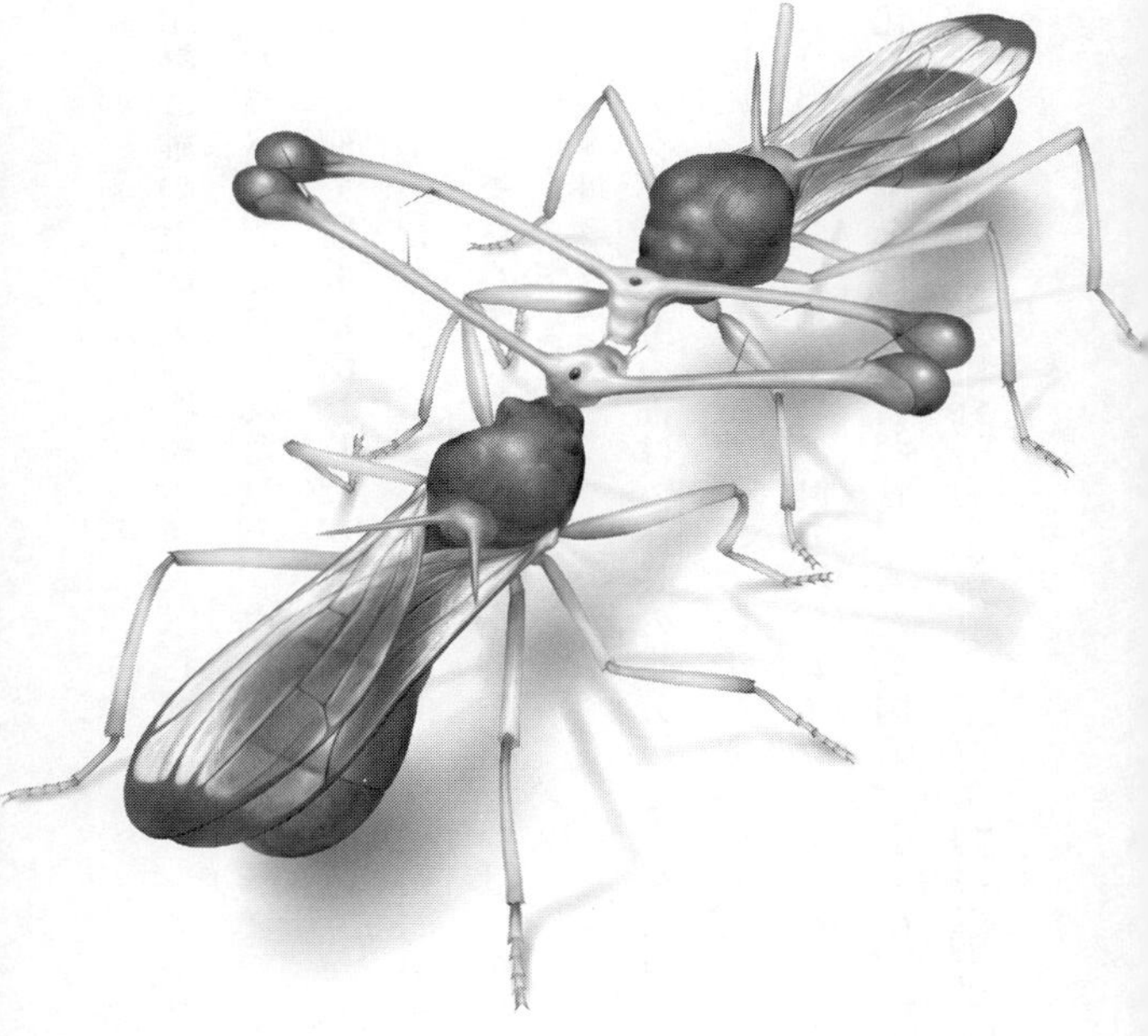

顔つきあわせヒラメ度を測定

シュモクバエの長い眼「眼柄」は
羽化直後15分で伸びきり、そこで男の将来は決まる。
交尾直後、他の雄を近づけないように雄は雌をガードする。

の距離は雄の遺伝子の優秀さを表示しており、シュモクバエ界においては、ヒラメ顔であればあるほど、キムタクでブラピでイ・ビョンホンなのだ。計測で勝敗が決まれば、敗者は黙って引き下がる。流血もなし、エネルギー浪費もなし。まことに合理的かつ平和的手法である。

だがシュモクバエのこうした紳士的振る舞いは、精子レベルになるといささか怪しくなってくる。

シュモクバエのある種は、体長の半分ほどもある巨大精子で、雌の生殖器内に「栓」をして、他の雄の精子を閉め出すという。

こういう「機能精子」の例では、ショウジョウバエが受精妨害機能に特化した精子を持つと言われ、また英国の学会では、一人一殺の精神で、敵兵士ならぬ敵精子に特攻をかける**「カミカゼ精子」**なるものが哺乳類に存在すると発表された。命名センスが災いしたか学会から認められなかったが、こういった生殖目的以外の精子の存在自体は確認されつつある。そしてその生産に雄は多大なエネルギーを使うだろう。結局、子孫を残すために雄が支払うコストは目の玉が飛び出るほど高くつくのだ。

［シュモクバエ］
シュモクバエ科に属するハエの総称。目の離れ具合は種によって様々。ほとんどの種はアフリカ、東南アジアなどの熱帯雨林に生息するが、北米、ヨーロッパにも生息。成虫、幼虫共に植物を餌にすると考えられている。

浮かぶ鬼っ子

オニボウフラ

昔はその辺の水たまりによくボウフラが湧いていた。地面を蹴飛ばすと、驚いたボウフラ共は「く」の字になり、一斉に「く」「く」「く」と底に沈むのも、はかない風情であった。漢字では「孑孑」と書く。夏の季語でもあり、正岡子規も「孑孑や松葉の沈む手水鉢」と詠んでいる。だが今の子供たちはボウフラも手水鉢も知らないかもしれない。

しかし大人でも、蚊の蛹をオニボウフラと呼ぶことはあまり知らないのではなかろうか。ボウフラは一週間ほどすると蛹となり、水面に浮か

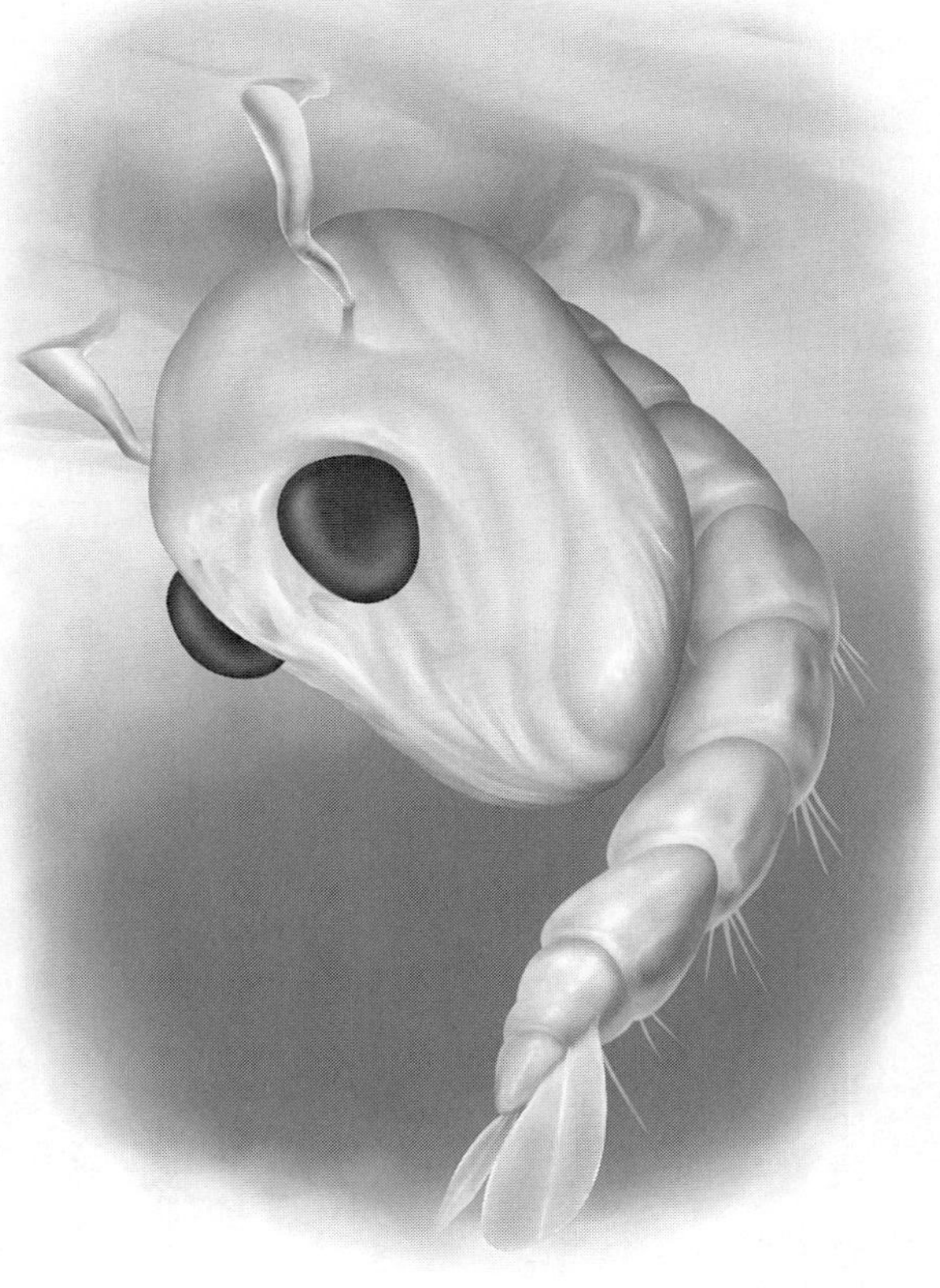

鬼の「角」は呼吸角と呼ばれる呼吸器官

腐敗有機物を餌として育つボウフラは、
4回脱皮を繰り返し、オニボウフラと呼ばれる蛹となる。
蚊は地球上で最も適応力のある、成功した昆虫といわれている。

ぶ。ラッパ状の「角（つの）」で呼吸をし、蛹のくせに元気よく動く。二日ほどで成虫に羽化、交尾を終えた雌は卵の発育のためヒトや動物の血を吸うが、雄はかような大胆な真似はせず、おとなしく花の蜜など吸う。

しかし**原始時代**から地球に住み、あらゆる環境に適応したこの昆虫がマラリア、黄熱、脳炎などの病原ウイルスを媒介する死の運び屋でもあると知れば、「孑孑や」などと言ってはいられない。昔のヒトの死因は、半分が蚊による伝染病という推定もある。一九九九年、ニューヨークに突如現れた「カラスが空から落ちる」西ナイル熱も蚊の媒介と考えられ、二〇〇人以上の患者が死亡、アフリカでは現在約四千万人がマラリアに罹患（りかん）、毎年六〇万人の幼児が死亡している。

現代人はほとんど見たこともない、日本古来の防虫手段、蚊帳（かや）。この蚊帳がアフリカにおいてこの極小の死神を防御する重要な手段と認められ、WHO（世界保健機関）も普及を推進している。日本の伝統と文化が作り出した、対モスキート・バリアー「KAYA」が外国で多くの命を救っているのだ。これこそが偽りのない国際貢献というものであろう。

［オニボウフラ］
体長5ミリ内外。双翅目カ科の蛹。四齢を経過した幼虫が蛹となり、二日ほどで成虫に羽化。雌は一度だけ交尾して産卵。蚊は日本では約一〇〇種。衛生上重要なのは水に産卵するイエカ属、ハマダラカ属と、水際に産卵するヤブカ属。一般に雄成虫は一週間、雌は二〜三週間ほど生きる。

ガンダムのメカなら絶対ボツ

ファージ

歌舞伎町あたりで投網を打ち、無差別に捕獲した種々雑多な人々(会社員、OL、飲食店従業員、暴力団関係者、警官、風俗嬢等)に「ウイルスとは何ですか?」と強制質問してみよう。すると彼らは、皆一様に「病原菌」と答えるのではなかろうか。

月とスッポンほどに**ウイルスと細菌は全く別物だ**。細菌は細胞を持ち、代謝し、自己増殖するまごうことなき生命体だが、ウイルスは、細菌よりはるかにちっぽけで、ものも食わず、排泄(はいせつ)もせず、細胞すら持

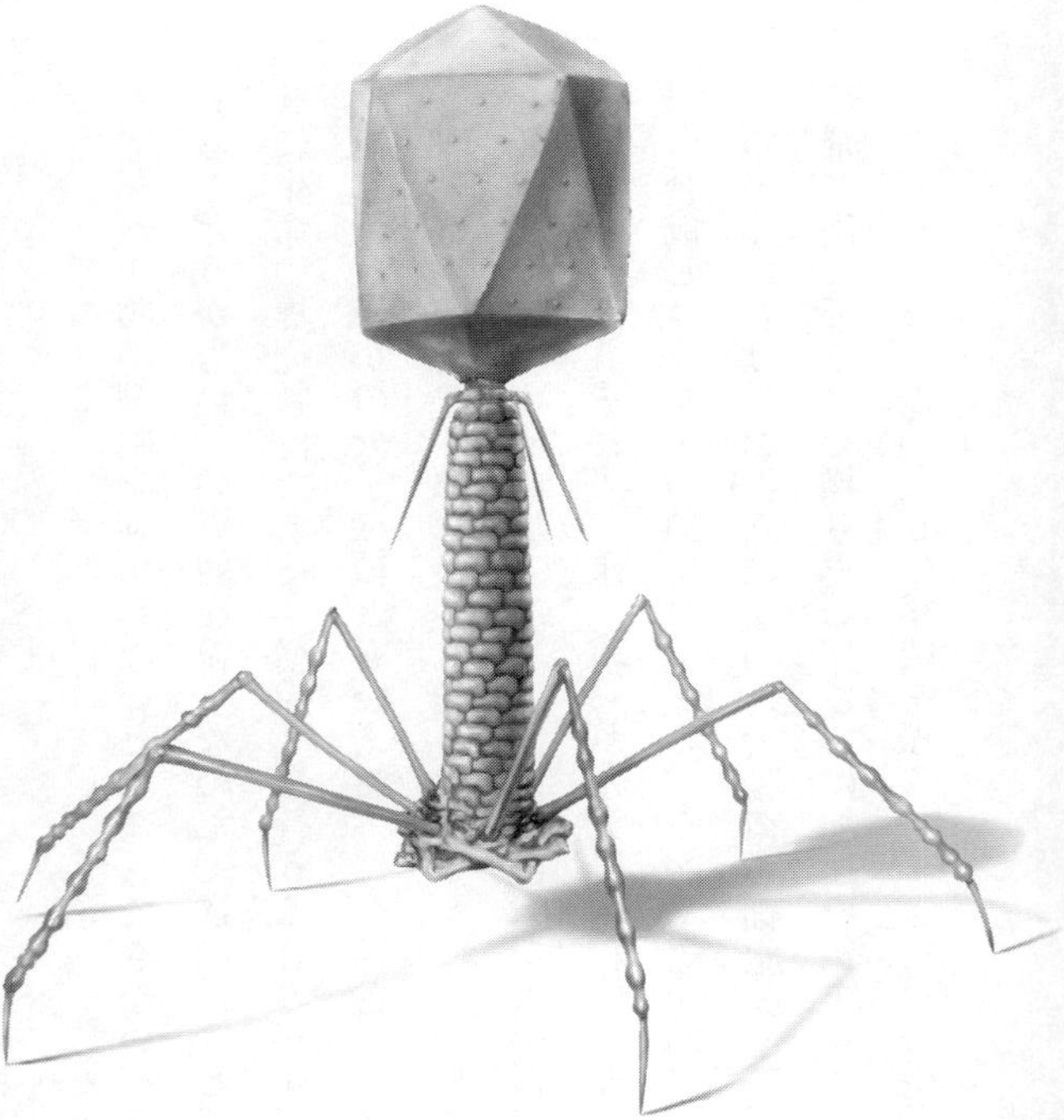

大腸菌表面に「着陸」したT4 ファージ

体を「注射器」と化し、細胞壁と細胞膜を貫いてＤＮＡを注入。
菌内でＤＮＡが形質発現、タンパク質が合成され子ファージは数百倍に増える。

たず、他生物の細胞を利用しないと増殖もできない、そもそも生命といえるかどうかも怪しい単純な粒子なのだ。逆に言うと、単なる粒子のくせに生命の専売特許である「増殖」を行う希有の存在、生物と非生物の狭間に漂う微小の分子機械ともいえる。

　細菌専門に感染するウイルスを「ファージ」と総称する。しょぼいモビルアーマーのようなＴ４ファージは、巨大な大腸菌に吸着して菌内部に自分のＤＮＡを注入。乗っ取られた大腸菌細胞はせっせとタンパク質など合成しウイルス増殖をお手伝い、やがて爆発的に増殖した子ファージちゃんたちは、お世話になった大腸菌の細胞膜を**元気よく破壊**、外に飛び出してこれを繰り返し、さらに加速増殖する。

　ウイルスは、疫神として猛威を振るってきた。野生動物輸入がほぼ野放し状態の日本では、「感染症法」も新たなる疫神を祓(はら)うことは難しい。

一方、ウイルスは生命科学の扉を開き、ファージなどは、細菌の薬物耐性進化で旗色も悪くなった「抗生物質」の代替治療法として注目されている。三〇億年前から地球にいるこの目にも見えない生命体は、人類に災厄と福音の両方をもたらす存在なのだ。

［ファージ］
ファージは、正しくはバクテリオファージと称する、細菌（バクテリア）に感染するウイルスの総称。T2、T4、T6などのT偶数ファージのシリーズが代表的存在。タンパク質とDNAで構成され、菌に付着してDNAを菌内に注入、菌内でDNAを複製することにより増殖する。

希少種に温かい手と温かい拍手を

ハナデンシャ

珍妙な形態のウミウシの中でも、水飴に原色の金平糖をふりまいたようなこのハナデンシャは輪をかけて珍妙な希少種、滅多に発見もされない。刺激を受けると体表は青白く光り、そのため か海のＵＦＯなどともいわれる。発光の理由は不明。何故こんな姿形なのかも不明。生態も不明。要するにほとんど**何にもわかっていない**のだが、とりあえず賑（にぎ）やかネという理由でこの名前がつけられた。

そもそも「花電車」とは、祝賀行事の際に走る、造花やモールで派手

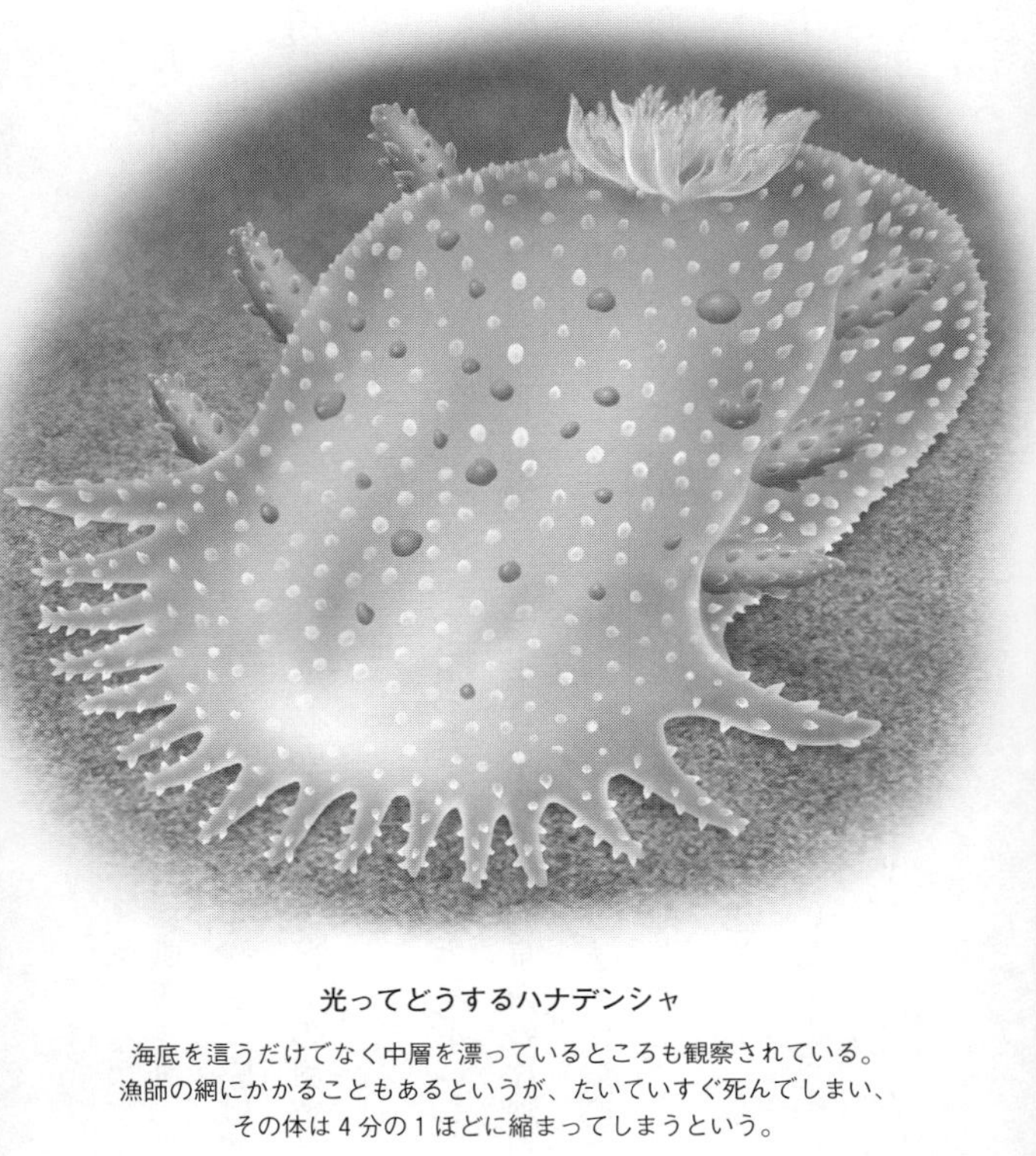

光ってどうするハナデンシャ

海底を這うだけでなく中層を漂っているところも観察されている。
漁師の網にかかることもあるというが、たいていすぐ死んでしまい、
その体は4分の1ほどに縮まってしまうという。

に飾られたお祭り仕様の路面電車のことをいう。日露戦争勝利の際も、日本国憲法公布記念の祝賀会でも、花電車は市中を華やかに駆け巡り、国民はその内実も知らぬまま熱狂した。しかし現在ではその風習はほとんど廃れてしまい、花電車は絶滅寸前といえる。

一方、踊り子さんが局所で鉛筆を折ったり、吹き矢を飛ばしたり、**火を吹いたり**する「花電車」なるストリップ芸も温泉街の片隅などに残るだけとなり、現在この芸ができる踊り子さんは三人しかいらっしゃらないという。花電車と名がつくものはすべて希少種なのだ。

会社の慰安旅行で泊まった温泉街の宿。夜更けに男性社員（主として中高年）が連れ立ってこそこそと出かけようとしているのを見つけたら「どこいくんですかあ?」と大声を張り上げて聞いてみよう。彼らはそわそわし始め、やがて「電車に遅れるから……」などと訳のわからぬことを言い出すだろう。
だがイジワルはそこまでだ。その後はあなた自身もお供をし、手を叩き、歓声を上げ、ショーを盛り上げよう。絶滅危惧種の保護は人類のつとめであり、義務である。

［ハナデンシャ］
体長10～15センチ。軟体動物門腹足綱。本州中部以南の沿岸、海底の泥質地に生息する。刺激に対して突起先端の発光細胞が青白く発光する。オレンジ色のリボン状の卵塊を産生し、幼生は一週間ほどで孵化する。カイメンなどを餌にすると考えられているが生態も不明点が多い。

刺されたら死んだと思え

アンボイナ

精密誘導弾はハイテクの代名詞のように思われているが、目標を豪快に外しよその国に落ちる、精密着弾したのに付近一帯まるごと吹っ飛ばすといった間抜けな挙動については、何故かあまり報道されない。

真の精密兵器とはアンボイナのことだ。「イモガイ」という野暮ったい名称ながら、俊敏な魚を精密狙撃して捕らえる手練れの巻き貝だ。

アンボイナは「検臭器」という化学センサーで索敵を行い、位置を把握すると口吻を触手のように長く伸ばし、獲物の魚に隠密接近する。口

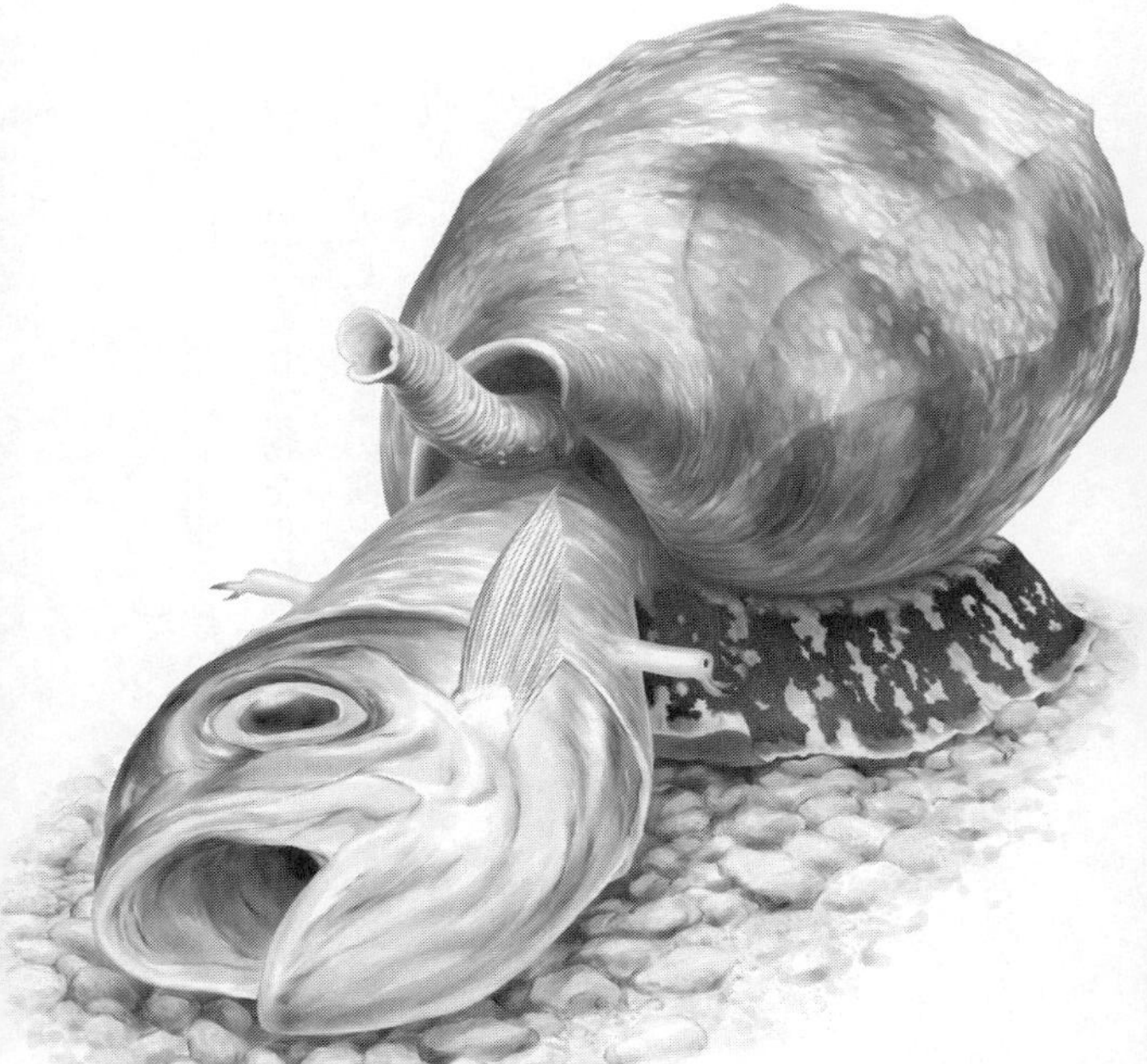

貝に食われるなんてそそそんな……

ハゼ型の魚なら殻長の 1.5 倍の体長まで呑み込める。
鱗、骨、眼球などの残骸は消化後にまとめて吐き出されるので合理的。
イモガイ類の毒は、鎮痛剤の新素材として注目されている。
イモガイ科は 400〜500 種にものぼる。

吻の先端には、厚い潜水服や硬い鰓ぶたもぶち抜く、猛毒針が装塡されており、忍び寄り獲物を狙撃、麻痺させて魚を丸呑みにする。のろまな貝ごときの餌となる魚の無念はいかばかりかと思われるが、人間をも麻痺させ、呼吸困難・心停止をひき起こすこの高致死率の猛毒には抗う術もない。

ペプチド性神経毒の複雑な混合による「コノトキシン」と呼ばれるこの猛毒には、抗毒血清も存在せず、イモガイ刺症事故の被害者の半分は重症に陥り、その過半数は死亡。美しい模様のこの巻き貝を見つけたとしても絶対に拾ってはならない。

あなたは貝がらを彼女の耳にあてながら「……アイラブユー……」と囁くなどという恥ずかしい手を使うべく、素敵な貝がらを拾いあげる。

気が付くとあたりは暗く、オシャレビーチだったそこはいつの間にか川辺になっている。三途（さんず）の川だ。そしてあなたの横にいて笑っているのは可愛（かわい）い彼女でなく、**奪衣婆**（だつえば）なのだ。

［アンボイナ］
貝殻の全長は大きいもので13センチ。軟体動物門腹足綱。イモガイの仲間。毒で魚を刺殺して食べる。日本では南西諸島、伊豆諸島、紀伊半島以南の沿岸、浅い水域の砂地に棲む。雌雄異体で多数の精子と卵子を放出、受精卵は卵塊として産み出され、発生した幼生は浮遊期間を経て稚貝となる。

毒貝をもって毒貝を制す

タガヤサンミナシ

無敵の兵器というものは存在しない。精密兵器のアンボイナに敵対する兵器も存在する。同じイモガイの仲間、タガヤサンミナシだ。

この貝はアンボイナ同様、猛毒の針を持つ。アンボイナは触手状の口吻を伸ばして獲物を狙撃するが、タガヤサンミナシの毒針は本体を離脱して発射可能である。つまりミサイルなのだ。

センサーで獲物を特定すると、攻撃を開始。タガヤサンミナシは貝食性の貝、獲物は貝だ。この貝の化学弾頭ミサイルは連射可能。殻ではじ

センサーで敵を検知、戦闘モードに入るタガヤサンミナシ

発射と同時に漏れる毒液は、砲煙の如く周囲を不気味に白濁させる。
この貝にとってイモガイ類は不味い餌らしく、食わずに殺すだけの事もあるという。

き返されても、次々と次弾を装填し、かまわず撃ち続ける。かなわぬと知った獲物が逃走を始めると**追撃を開始**。攻撃を続行し、やがて毒に沈黙した獲物に覆い被さると、ゆっくりその肉を呑み込む。

アンボイナとタガヤサンミナシが激突すればどうなるか。アンボイナは口吻を伸ばし、敵貝を狙撃、毒針は正確に命中する。だがタガヤサンミナシは倒れない。アンボイナは魚食性の貝、脊椎（せきつい）動物なら人間をも倒すこの貝の猛毒成分も、軟体動物のタガヤサンミナシには無効である。そしてタガヤサンミナシの武器は「対貝用」なのだ。白く不気味な毒液の砲煙に包まれつつ敵貝が連射を始めた時、アンボイナは敗北を悟るかもしれない。勝敗はすでに決まっていたのだ。
猛攻の末、敵が沈黙すると、タガヤサンミナシはこの敵貝を仰向けにし、内臓に、**とどめの一撃**を発射。こうしてタガヤサンミナシは敵貝を胃に収める。

だがこの無敵に思えるミサイル貝も、全身を装甲板で覆い尽くしたカニ類にとっては単なる食物に過ぎないのだ。

［タガヤサンミナシ］
貝殻の全長10センチほど。軟体動物門腹足綱。イモガイの仲間。貝食性の貝で、イボニシ類などの巻き貝を刺殺し、餌とする。東アフリカからハワイ、日本では沖縄から奄美大島の珊瑚礁に生息。発射する歯舌歯はイモガイ類で最長で、最高三発まで連射可能、口吻を獲物に触れず発射できる。

対峙するアンボイナとタガヤサンミナシ

象の鼻のような口吻を長く伸ばし、敵を狙撃せんとするアンボイナ。
相手の位置を見定め、毒針を射出する機会をうかがうタガヤサンミナシ。
海の底で猛毒の巻き貝の戦いは音もなく繰り広げられる。

トラフカラッパ

蟹の仮面の告白

三島由紀夫はカニが嫌いだったという。我々凡人にはカニといえばカニ鍋しか浮かばないが、三島は鍋はおろか**「蟹(かに)」の文字さえ嫌悪**したという。脚を何本も生やらかし両手は嗜虐(しぎゃく)的なギロチンばさみ、その上、鎧(よろい)の牢獄(ろうごく)に我が身を幽閉したかのようなこの閉所恐怖症的生物に、彼の文学的感受性は耐えられなかったのかもしれない。泣きぬれて蟹とたわむる啄木とはえらい違いである。

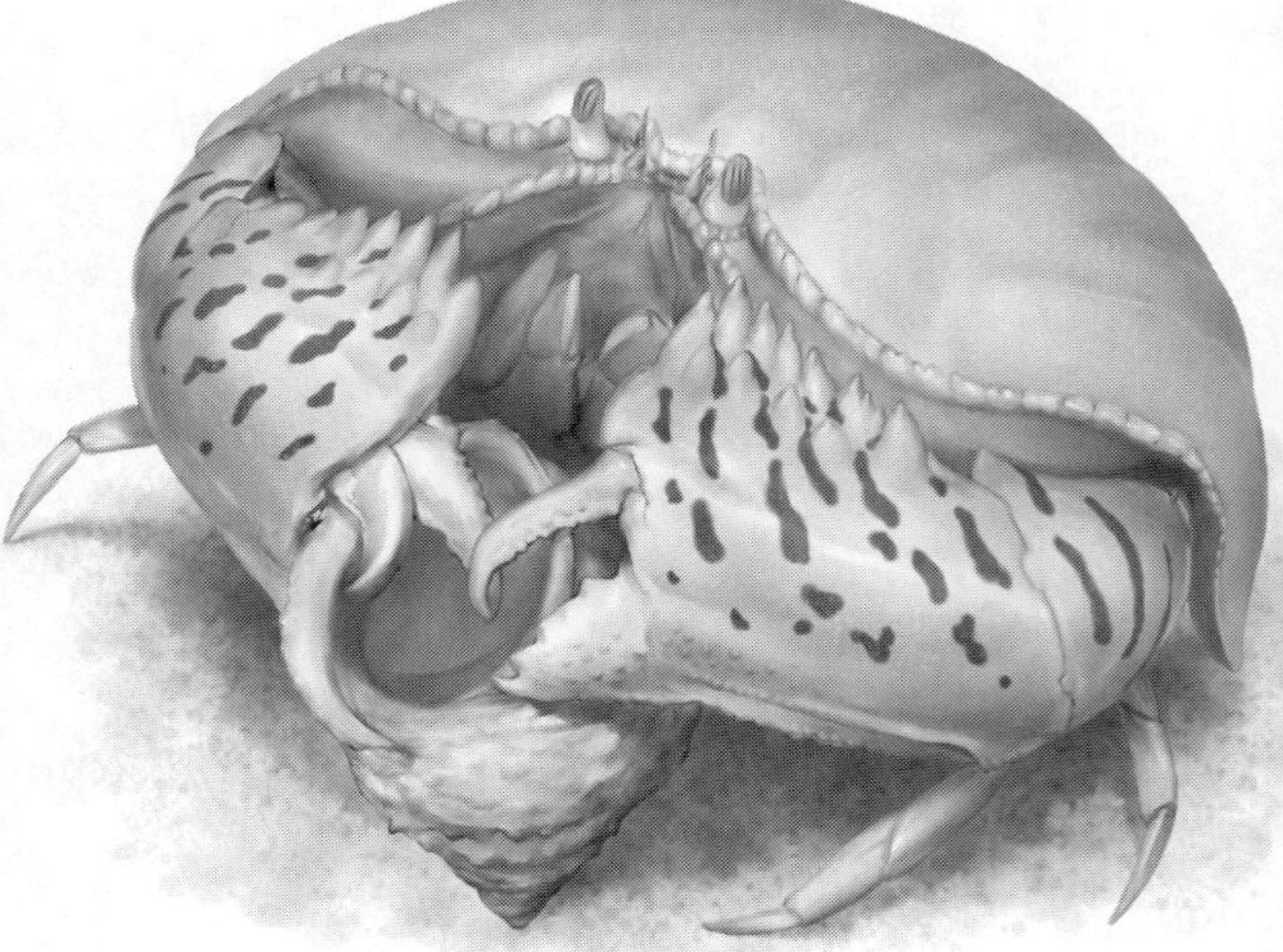

「トラ模様のヤシの実」という意味

トラフカラッパの「トラフ」とは「虎斑」、
「カラッパ」は「クラパ（インドネシア語でヤシの実）」が
なまったものである。

しかし、丸々と肥え太り、平安の姫君のように恥ずかしげに顔を隠すトラフカラッパには、嫌悪すべきカニのイメージはあまりない。

巻き貝が好物のこのカニは、貝を拾うと表千家の作法に則(のっと)り、殻をくるくると回してよく吟味、お気に召しますとお道具のハサミで殻を綺麗に割りつつ、中のお肉を少しずついただく。こんな華族の晩餐(ばんさん)の如き優雅な美食で肥え太ったのかもしれないが、これに比べると、他の駄カニ類が餌を貪(むさぼ)る有様は品位に欠けると言わざるをえない。

しかし上品な食事といっても、貝を片手で割るなどとは、鉄板を素手で割り裂くような凄まじき芸当だ。貝割り用の缶切りバサミとして進化、サイボーグ並みの怪力を発するこのお道具があってこそ、この品位は保て、そして優雅に肥え太ることもできるのだろう。

ならばさぞお肉もたっぷり……と凡人にはやはり食うことしか浮かばない。だが実はこのカニが立派なのは甲羅とハサミだけ。その身の貧弱さはガンジーと互角で、こんな間抜けな正体を見たら、三島の嫌悪感も滅じ、その魂も少しは和んで、ひょっとして市ヶ谷にも行かなかった**かもしれない**というのはくだらぬ妄想に過ぎないだろうか。

［トラフカラッパ］
甲幅12センチほど。甲殻綱十脚目カラッパ科。南太平洋、インド洋の水深30〜60メートルの砂底に棲む。体を半分砂に隠し、口部と鉗脚（かんきゃく）を閉じ合わせ、呼吸水を濾過（ろか）する。特殊化した鉗（ハサミ）で巻き貝を割り、中の肉を食べる。雄が雌を背後から抱くようにして交接を行う。

振り上げる拳に憎しみなし

モンハナシャコ

紫外線をも識別する、生物界で最も複雑な視覚器官、そして化学センサーの触角で目標を捕捉（ほそく）、強烈なパンチを浴びせて獲物を狩るという、寿司ネタのシャコとはひと味違う捕食性の打型シャコだ。その打撃の速度は、水中で秒速23メートルという爆発的な速度で、水中メガネを割り、**水槽のガラスをもぶち破る**。打撃の異常なスピードで生じる「キャビテーション気泡の消滅」なる物理現象は、音と光と共に強力な衝撃波を生む一種の小爆発でもあり、発泡による発砲ともいえるその威力は

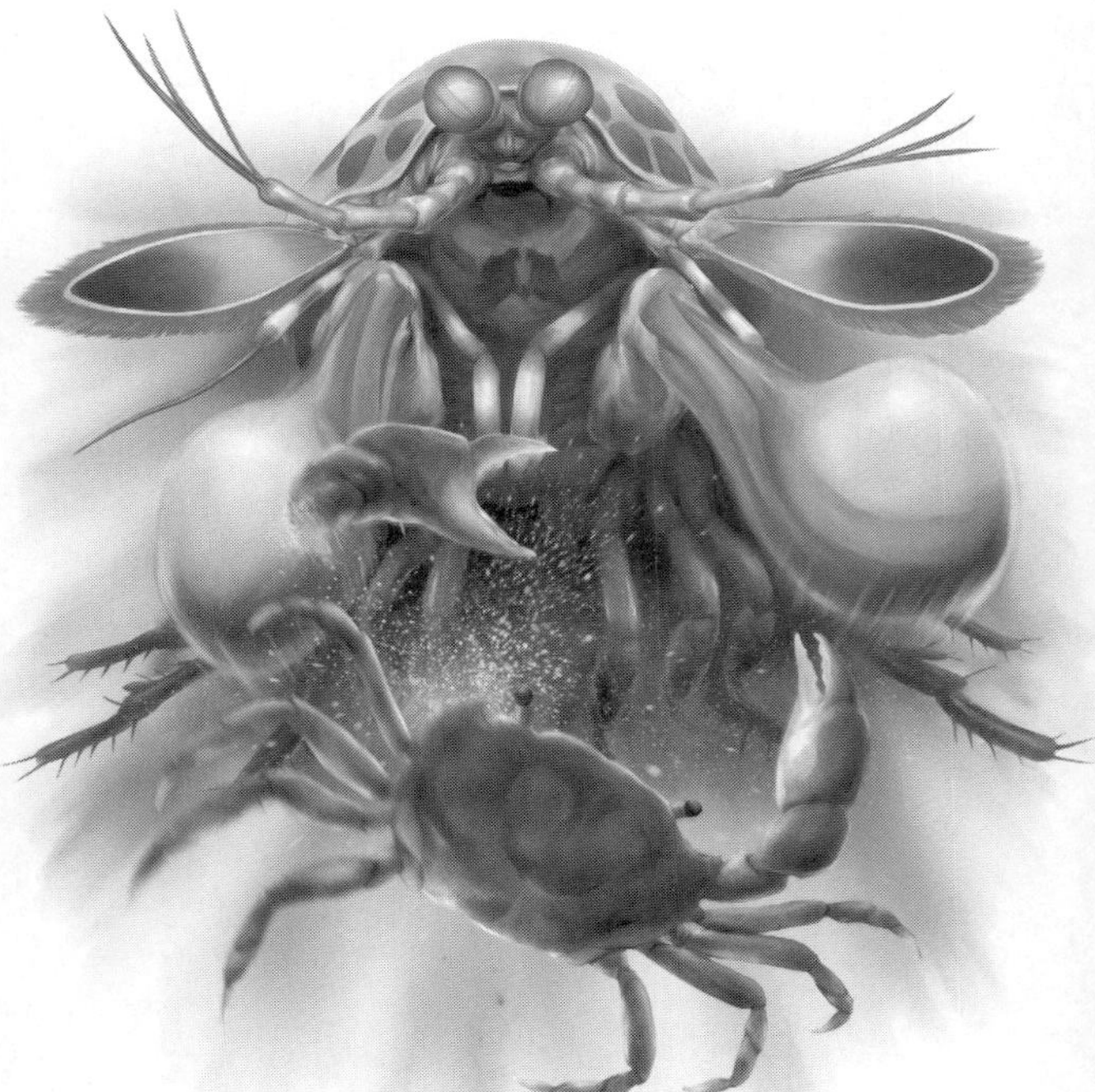

ハデなファッションで獲物を攻撃

触角は獲物を化学探知、目は10万色を識別すると言われる。
強力な打撃のエネルギーは、脚の付け根の
「ポテトチップ」状のバネから生み出される。

22口径の銃弾に匹敵するという。銃器と同じ破壊力を持つシャコなのだ。

その鋭い視覚、的確な判断力で貝やカニの防備の手薄な箇所を見抜き、捕脚（ほきゃく）と呼ばれる棍棒（こんぼう）状の脚で見舞う打撃の圧倒的なパワーとスピードは、彼らの装甲を難なく粉砕。防備など**無駄無駄無駄無駄無駄無駄無駄無駄無駄無駄無駄無駄無駄**なのだ。

となると、モンハナシャコ同士の喧嘩（けんか）は、互いに銃をぶっ放すような物騒な戦いになるのだろうか……と思うが、喧嘩の際は打撃に手心を加え、また相手もくるりと丸まってその打撃を尾節で受け止めて衝撃を緩和するので、殺傷沙汰などにはならない。

動物の同種同士の戦いは大抵、威嚇か儀式的な戦い、もしくは敗者の逃走で決着がつき、無意味な殺しはしない。彼らがこのような銃器レベルの強力な兵器を持ちつつも、殺し合いにならないのは抑制という生命の知恵があるからだ。一方、人類は……と書くともう話の流れはおわかりかと思うので、くどくどしくは言わない。

［モンハナシャコ］
全長15センチ。熱帯、亜熱帯水域の浅瀬、日本では本州以南、南西諸島の珊瑚礁などに多く分布。海底の穴に棲み、二本の触角で獲物を化学的に探知、捕脚で貝やカニなどを打撃して捕食する。雌は腹脚で卵塊を抱える（抱卵）。幼生は脱皮を繰り返して成長する。

間違っても茶をいれるな

ベニボヤ

入水孔から海水を取り込み、微生物や有機物を漉(こ)しとって排水する。目鼻も口も手足もない、あからさまに機能一点張りの姿形だが、れっきとした生物、ホヤの仲間である。

ところが、このくそ面白くもない器物のような生物の子供は、親とは似ても似つかぬ小さく可憐(かれん)なオタマジャクシである。

ホヤのオタマジャクシ幼生は、受精卵から孵化すると誰の助けも借りずに新世界に飛び出し、けなげに泳ぎ始める。

単なる器物のようなベニボヤ

ヒトの脳の基本設計はホヤ幼生のそれと同じで、
神経回路の複雑さが違うだけだという。

波は荒いだろう。魚に狙われもするだろう。しかしホヤの子供は何かを探し求め、必死で泳ぎ続ける。

やがてこの子供は求めるものに出会う。岩だ。子供が岩にとりつくとその頭からは「付着突起」が伸びだし、植物のように根を張る。そしてその尾は縮み、眼は消失、ぺしゃんこになった体には穴が開く。

愛らしいオタマジャクシはこんな悲しき変態を遂げると、やがて一個の**シビン**と成り果てる。そしてもはや泳ぐこともなく、その場所に固着、水を吸っては吐き、吸っては吐いて生涯暮らすことになる。

ホヤは幼生時代には「脊索（せきさく）」と呼ばれる原始的な背骨状の器官を持つ。哺乳類などの脊椎動物も、受精から胎児に至る過程で、やはり同じくこの脊索を持つ。地球上の全生物の分類体系、つまり巨大な生命の家系図においては、これは互いが非常に近しい関係であることを意味する。

つまりこの海底のシビンと我々はいとこなのだ。

［ベニボヤ］

体長5センチほど。インド洋、太平洋、大西洋の浅い海岸に広く生息。小さな浮遊生物を漉し取って餌とする。無脊椎動物の中では脊椎動物に最も近い原索動物門に属する。幼少の時期は脊椎動物に似た神経管、脊索などを持つが、発生の過程で失われる。

浪漫破壊生物

テヅルモヅル

鉄柵に優雅に生い茂る蔓薔薇、その花言葉は、「愛」。

紅顔緑髪の美少年は蔓薔薇のアーチに佇み、蔦の絡まる薔薇屋敷の窓には令嬢が微笑む。蔦模様はアール・ヌーヴォーの石版画に躍り、恋人たちの交わす愛の手紙を縁どり、そして詩人リルケは薔薇の棘で死ぬ。蔓薔薇や蔦などの蔓植物は、耽美、ロマンチシズムを演出するまことに古典的かつ未だ有効な小道具である。

しかし蔓は蔓でも、その妖怪的名称と、杉もないのにむず痒くなりそ

植物ではない

中心部の「盤」は直径３〜５センチ。口は肛門を兼用する。
クモヒトデ類などは盤から５本の腕が放射状に伸びるが、
希に６本のものもある。腕を自切することがある。

うな姿形のこの「手蔓藻蔓」の前では、ロマンも耽美も連鎖崩壊、原子の塵と化してしまう。ただでさえ気味の悪いクモヒトデの近縁である上に、分類名も**「蛇尾類」**。美少年なら貧血を起こし、竹宮恵子タッチで倒れそうな、海底の怪奇植物的棘皮動物である。

昼間は魚やカニに気づかれぬよう身を縮めているが、夜となると急に態度がでかくなり、二本の腕で珊瑚につかまると、二股に分岐を繰り返し、おそらく本人も訳がわからないほど複雑怪奇に発達した腕を遠慮無く広げて、網漁を始める。腕に連なるフックと粘液で、小エビ、プランクトンなどの浮遊性小動物や、稚魚などを捕まえるのだ。食欲は旺盛で、腕をせっせと振り回し、漁の効率を少しでも上げるため、体を海流に対し直角に保つことも忘れない。

テヅルモヅルは、有毒な海綿や刺胞動物と共生関係にある。保護を得る代わり、彼らの体内のゴミなどを掃除するのだ。彼らとの太いパイプを維持するため、パイプ掃除に日夜いそしむ。この「ウイン・ウインの関係」を築くには、さぞかし色々な手ヅルを使ったのだろう。

［テヅルモヅル］
棘皮動物門クモヒトデ綱カワクモヒトデ目テヅルモヅル科の総称。全長は大きいもので30センチ。夜行性。日本では九州西部、日本海、相模湾などに生息、一二種が確認。幼体は有機物、成体は浮遊性小動物を捕らえて食べる。雌雄異体で体外受精を行い、数千個に及ぶ卵を産む。

美少年は失神

マイマイゾンビ

レウコクロリディウム

ハッ。朝だ。広い場所へ出なきゃ。

なぜ？……そうだ、鳥、鳥に見つかって食べられるんだボク。ウフフ。さあさ鳥さんいらっしゃい。おいしい餌はこの私、どうぞ遠慮なく召し上がれ。さあさ……さあ……さ……？………ひいッ、と、鳥だッ、喰われるッ、誰かお助け、お助け、おおおお……。

貝や魚を宿主とし、体内に潜んで暮らす吸虫類の仲間・レウコクロリディウムは、カタツムリの一種・オカモノアラガイに寄生するだけでな

ゾンビ化したオカモノアラガイ

イモムシ化した目は激しく躍動、鳥類の目をひきつける。
片目だけに入り込む場合は、何故か左目を選ぶ傾向があるという。

く、**その肉体を乗っ取り、行動をコントロールする。**

カタツムリに侵入したこの寄生虫は、腸内で無性的に増殖、葉巻状に集結すると、カタツムリの頭部に食い込み、その目を芋虫のように肥大化させる。日が昇ると目立つ場所にカタツムリを誘導、パチスロ屋のネオンのようにド派手に目の模様を躍動させ、鳥を誘う。カタツムリの目は活きの良い芋虫を装う、鳥類界をターゲットとした広告塔となったのだ。だまされた鳥がそのカタツムリを喰えば、寄生虫は鳥の体内で成長、やがて産み出された虫卵は鳥の糞から葉に付着、その葉を餌にした新たなカタツムリは再び乗っ取られる。こうしてこの寄生虫は生息域を拡大していく。吸虫の中で、レウコクロリディウムだけがこのような巧妙・精緻（せいち）にして悪魔的なライフサイクルを持つ。

脇の甘い大企業が乗っ取りなどにあえば、恥も外聞もなくわめきうろたえ、右往左往のていたらくだが、この乗っ取りにあったカタツムリは騒ぐことすらしない。生きてはいてもすでに屍（しかばね）、ゾンビなのだ。

［レウコクロリディウム］
扁形（へんけい）動物門吸虫綱に属する寄生虫。オカモノアラガイに寄生、多数のセルカリア（幼生）がスポロシストという袋の中で発育して宿主の目に移行、肥大化させた目の模様を一分間に四〇回ほど動かして鳥を誘う。最終的には鳥の腸内で成虫となる。日本では北海道で確認されている。

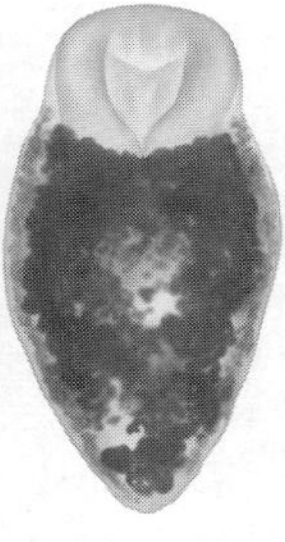

レウコクロリディウムの正体
吸虫の一種。

深海底の食えないやつ

メンダコ

タコという生物はどうにも怪しい。

軟体動物のくせにむやみと神経節が発達、無脊椎動物では最も知能が高いともいわれる。学習能力に長け、ビンの蓋も開ければ迷路もクリア。他の生物の物まねや偽装も得意だ。視覚にも優れ、ある研究所で飼育されているタコは、嫌いなカメラマンだけに正確にスミをぶっかけたという。

しかしこのメンダコは、かようなタコ類の多彩な能力とは無縁に思え

耳に見えるのは実はヒレ

臭いので、底引き網にかかれば速攻で捨てられるが、
タコ類の進化を考える上で貴重な種だという。

る。獲物を狩る長く強い腕も、西洋人に「デビルフィッシュ」と言わしめる魔性もなく、終始徹夜明けのような目つきには、厳しい自然を生き抜かんとする気概も感じられない。他のタコのように水をジェット噴射などというまねもできず、耳を忙しげに羽ばたかせ、せっかちなクラゲのようにせかせかと泳ぎ回る。水槽に入れれば狂ったゴムまりのごとくチャカポコと水中を跳ね回り、せわしいことこのうえない。

だが、人間界ではフィギュアやお風呂おもちゃにもなり、意外な人気があるらしい。ならばこのメンダコでタコ焼きを作ればかわいくておいしくて一挙両得！　と、その矛盾もものともせず考える人もいるだろう。だがそうはいかない。メンダコの水産資源としての価値はゼロ。身は少なく、おまけに**異臭を放ち**、陸に揚げるとスライム状にのびてしまう。他のタコのように乱獲の憂き目には遭わずにすんでいるが、そもそも数が少ない上に、現在は「減少種」に指定されている。出版各社様におかれましては、**「LOVE♡深海のイケメンダコ」**などという大甘タイトルの写真集でポンチなファミリー層を狙うなら今のうちだ。

［メンダコ］
最大幅（直径）20センチほど。八腕形目メンダコ科。半ゼラチン状の体を持つ。歯舌はなく、小さい甲殻類や魚を餌とする。北海道から九州にかけての太平洋側の中深部に分布。吸盤は各腕に平均四八個が一列に連なる。幼生はプランクトン状と考えられている。

常に不機嫌なまんじゅう

フクラガエル

アフリカの乾燥した砂漠に棲む。日中は砂に潜り強烈な太陽を避け、夜になってようやくその仏頂面をのぞかせる。カエルのくせに元気よく跳ね回るというような事はなく、その小さすぎる手足をパタつかせ、ゼンマイ仕掛けのように這い回ってはシロアリなどの餌をぱくつく。水辺を必要としない、非常に珍しいタイプの両生類である。

その大福のような小ささからか、カワイイカワイイと人気を呼び、ペット店で大枚はたいて買う人もいる。しかしそういった人が両生類の飼

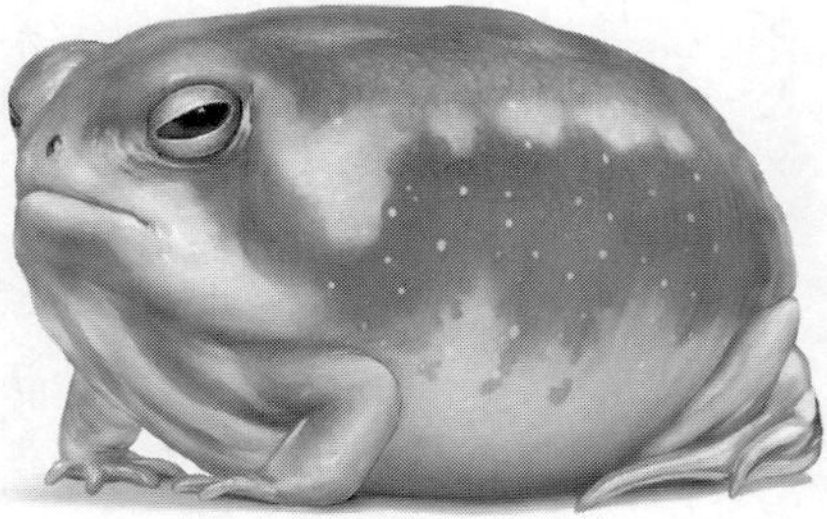

短い手足が機能的

餌をとるときだけは意外に俊敏に動く。
雌よりさらに一回り小さい雄は抱接の際、分泌物で雌の腰にくっつく。

育に一家言持つというようなことは大抵なく、家に持ち帰ってから「さて、餌はどうするのかな?」などと呟き、カエルは暗澹たる気分でもぞもぞと尻から砂に潜ってしまう。それっきりウンともスンとも言わない。面白くないのでカエルを無理矢理掘り起こし「ふくちゃーん!」などと言いつつ、突っついたり歩かせたりなどして、蛙は益々仏頂面になる。

だが、しっかりした知識と経験と設備でもなければ、高温多湿で四季折々の変化に富む日本の環境下で、アフリカの、しかも乾燥地帯の砂漠に棲む特殊な両生類を飼い続けられるはずもない。案の定、いつしかカエルは砂から出てこなくなり、いつまでも出てこずに、待てど暮らせど出てこずに、気がつくと飼い主の家の裏庭には**「ふくちゃんのおはか」**と書かれたアイスの棒がささっていることになるのだ。

だが、この手の飼い主は、反省の色もあらばこそ、カワイイ生き物を見つけてまたぞろ買い込むことだろう。そしていつしか裏庭にはピーちゃんだのキントトちゃんだのぷー君だのといった戒名のアイス棒の卒塔婆が立ち並ぶことになる。飼い主はいずれ動物霊に憑依され、虫を喰らってゲロゲロと鳴くようになるだろう。

［フクラガエル］

体長6センチほど。アフリカ南部の大西洋岸の砂漠地帯に棲む。日中は砂に穴を掘って隠れ、夜にシロアリなどの小昆虫を捕らえて食べる。大雨の後に笛のような鳴き声で求愛、雌は雄を腰に乗せ砂中に産卵。幼生は孵化時には仔ガエルとなり、自力で餌をとる。

人も魚も鼻毛は無視

バットフィッシュ

笑顔で振り向いた恋人の鼻から鼻毛が一本、しかもその先には鼻クソが。こんな時、あなたならどうしますか。何事もないかのようにやり過ごしますか。それとも説教をかましますか。

鼻先の疑似餌を自在に操り、獲物を誘って狩る、バットフィッシュ。

こう書くと格好もいいが、疑似餌の出来はというと、太めの鼻毛に付着した鼻クソにしか見えず、実にずさんだ。それもそのはず、この疑似

物言いたげな唇だが、特にこれといった主張はない

英名は「レッド・リップト・バットフィッシュ」（直訳すると赤い唇のコウモリ魚）。
ダイバーが近づくと「プイ」と後ろを向くのは、背後の鰓孔（えらあな）を
目に見立てて、脅しているつもりらしい。鼻先の疑似餌は格納が可能だが、
だからといってどうということはない。

餌はその昔アンコウだった頃の名残であり、人間で言えば盲腸のようなもの、**くその役にも立ちはしない**。だが何か勘違いをしているのか、たまにこの疑似餌をぴろりと出してみたりする。当然周りの小魚は全く無視。そんな甘い考えでいいのか？　自然界は厳しいのではないのか？　魚類相手に本気で説教したくなってくる。

厚化粧マダム唇に無精ヒゲのとりあわせもさりながら、泳ぎもせず、大儀そうに海底を歩く様に魚類特有の俊敏さは、ない。手ですくえばあっさり捕まるとんまさに、ある研究者は毒の防御に自信があるのだと考え、よせばいいのに舐めてみたが単に不味い（まずい）だけであった。生き馬の目を抜く動物界において、これほどやる気のない生物が何故安穏と生きていられるのか。自然界の不思議である。

バットフィッシュの仲間は、日本ではフウリュウウオとも呼ばれる。このとんま魚を風流などと呼べるなら、福岡の尻振り祭りだの、愛知のうじ虫祭りだのといったとんまな祭りも典雅な祭礼とも呼べよう。二一世紀の今日、先進国であるはずの我が国にこのような「とんまつり」(注1)が営々と営まれているのはどうしたわけか。人間界の不思議である。

［バットフィッシュ］
全長最大36センチほど。アカグツ科の仲間。カリブ海およびその周辺の温暖な海域の、砂底などに生息。近縁種は南日本太平洋岸に分布。胸びれ、腹びれで海底を這い、甲殻類、多毛類などを餌とする。吻棘（ふんきょく）にある疑似餌はアンコウ類の祖先の名残と考えられている。

上から見てもやる気がなさそう。

注1　みうらじゅん著『とんまつりJAPAN』より

由緒正しき変の家柄

カギムシ

五億年前の化石から、そのあまりのヘンテコぶりが明らかとなった「バージェス生物」。カギムシはそのバージェス生物の直系の子孫ともいわれ、「へんないきもの」としては由緒正しきお家柄といえよう。

生殖法はカギムシの種によって様々だ。ある種は、雄の額に生殖器官があり、雄は**雌の尻に顔を埋めて**交尾する。また別の種は、雄が雌の体表面にことわりもなく「精包（せいほう）」という精子の詰まった包みをぺたりと貼り付け、そそくさと立ち去る。精子は体表を通し雌の卵巣に辿り着

個体によって脚の数も適当なカギムシ

体表はベルベットのような質感。頭部から粘液を発射し、小昆虫を捕らえる。
バージェス生物との関連についてはグールドの
『ワンダフル・ライフ』（ハヤカワ文庫NF）に詳しい。

くというが、いい加減な郵便屋か通り魔のようだ。卵生、卵胎生など繁殖様式も様々で、無脊椎動物（むせきついどうぶつ）としてまれなことには、胎盤・子宮様の器官を持つものさえいる。また、精緻な器官システムなどを持っていることでも知られ、これらの複雑な器官は、太古の昔にすでにできていたのではないかとも考えられている。

米国の創造論者（Creationist）は、こういう事例を元に進化論を批判、「神が全ての生物を設計し給うた事実が科学的に解明された」と主張する。**「最新式の迷信」**ともいわれる、こういった「科学的創造論（Scientific Creationism）」なるものは、ローマ法王のダーウィン進化論是認の経緯もぶっちぎり、堂々と「学問」の看板を掲げている。かの高名な天文学者、カール・セーガン博士はこの手のファンタジーを好む人の増大を危惧、知性は衰退し、宗教的情緒が国を暗く覆っていくだろう事を自著で予言した。
米国の知性の灯台であったセーガン博士が、未知の宇宙に旅立った後、かの国は博士の予言通りに動いているように見え、また我が国はその尻にカギムシの交尾の如くひっついているように見える。

［カギムシ］
体長4センチほど、種によっては20センチほどに。アフリカ、南米などの森林地域の、湿った葉、腐った丸太などの下に棲む。有爪（ゆうそう）動物門に属するのはカギムシ綱だけ。体を収縮させ、頭部から粘液を噴出させて小昆虫を捕らえて食べる。これは防御にも用いられる。

人類は月に到達していない

ミカヅキツノゼミ

枝そっくりに化けるナナフシなどの「擬態」を、現在主流とされる進化論「ネオダーウィニズム」は、「遺伝的変異と自然淘汰の累積」と説明する。

偶然起こった遺伝的変異により、ほんの少しだけ枝に似て生まれた個体は、天敵の目を逃れ生存率が少しだけ高くなる。子孫にさらにほんの少しだけ枝に似ている個体が生まれれば、これまた生存率が高くなる。この「ほんの少し」が何千何万世代にわたって続き、淘汰が重ねられた

人生の重荷を体現したような進化の帰結

ＤＮＡ至上主義的な進化論はいずれ幕を閉じ、新たなパラダイムに移行する
という意見もある。「セミ」と名づけど、セミとは何の関係もない。
世界で約 600 属 3200 種が知られているが、
どれも現代美術のような姿形である。

結果、まるで意図的にデザインされたかのような巧妙な偽装ができあがるというわけだ。

ミカヅキツノゼミは、木の芽を覆う保護膜「芽鱗（がりん）」に擬態しているのだという。たしかに剝（は）がれかけた芽鱗にそっくりだ。さすが何万年にもわたる進化の妙だ。自然が織りなす造形の驚異だ。まったくもって**悪い冗談だ**。何しろ体がろくろ首のように伸びて後ろにそっくり返っているのだ。擬態といっても、これでは大変な重荷でかえって生存が危うい気もする。十字架を背負ってゴルゴタの丘を登るほうがなんぼかましに思われるが、本人は平気で飛んだりしている。

ダーウィン的解釈によると、このツノゼミも天敵の鳥類の「鵜（う）の目鷹の目」に何万年とさらされ続け、そのお目こぼしにあうよう淘汰されてきたということになろうが、厳密に言うと確たる証拠はないという。

擬態ひとつとっても説明できない例も多く、現在の進化論は絶対に非ずという学説も登場してきている。つまり確かなことは何もわからないのだ。

人類は月面に偉大な一歩を記したかもしれないが、足下にいる、このちっぽけな三日月にはまだ手すら届いていないのである。

［ミカヅキツノゼミ］

体長1センチほど。半翅目ツノゼミ科。熱帯地方の森林に棲む。単独行動をとり、寄主植物の茎などから樹液を吸い、卵も植物の組織に産みつける。胸部体節の変形により、若芽を覆う芽鱗に擬態しているのではないかと考えられている。

まんが日本貝ばなし

むすめになった百姓貝

ナスビカサガイ

むかーしむかし、ある海辺になすび太郎という働き者の貝が住んでおった。なすび太郎は、岩穴の家の周りに畑をつくり、分泌した粘液を肥料にラン藻を育てて暮らしておった。「貝が百姓とは笑えるのう」。魚にからかわれても、かたぶつのこの貝は返事もせず、黙々と畑を這い回っては手入れをし、収穫した藻を食べておった。

ある日のこと、なすび太郎の畑に、流れものの貝がやってきた。

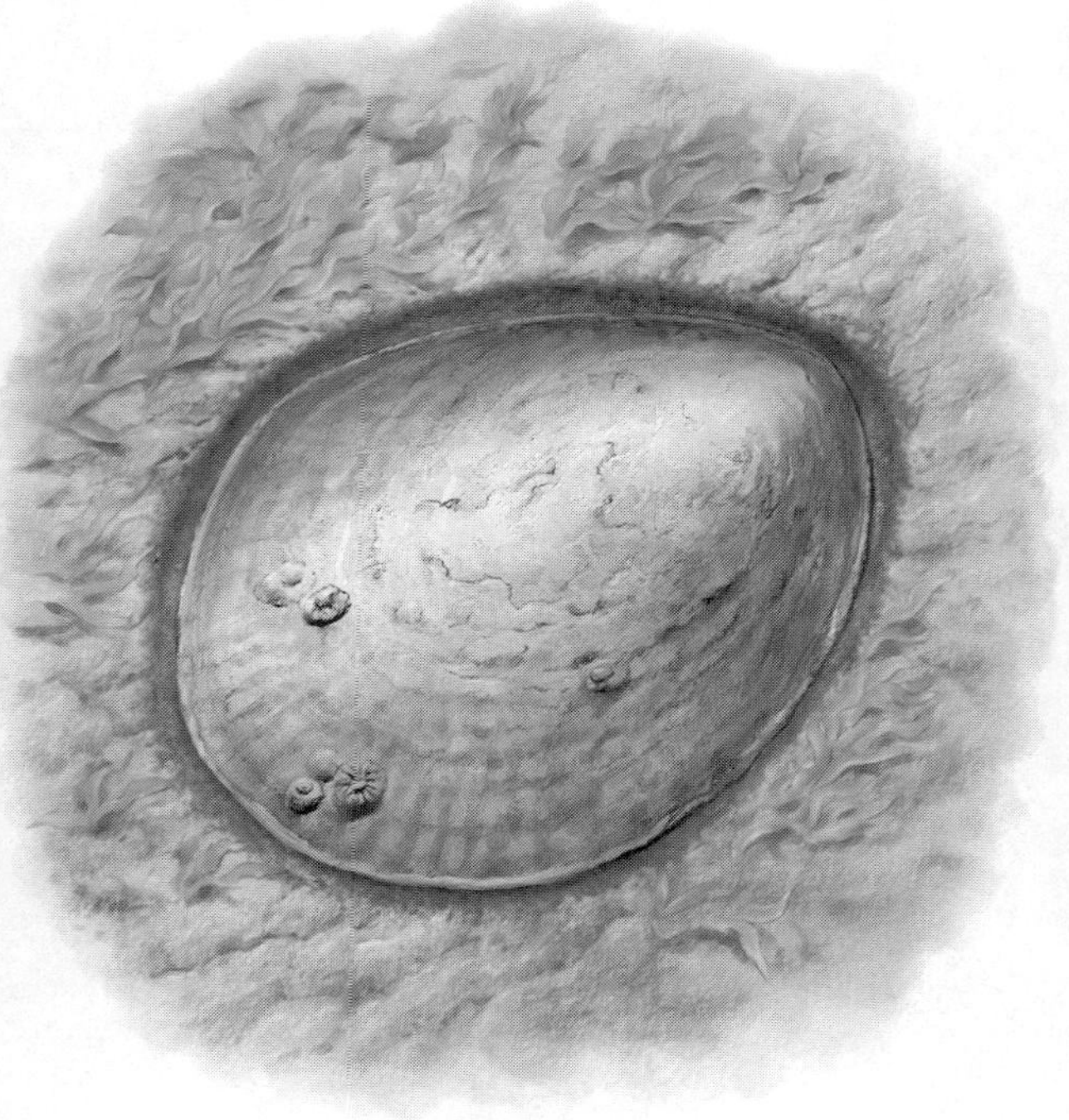

農業を営むナスビカサガイ

自ら分泌した粘液を餌にラン藻を育て、食料とする。
貝のくせにナワバリを持つ。

「こかぁー、おらの畑だでー、おめは出てけや」

「藻はー、だれのもんでもねえだで、おめこそ出てけや」

貝同士がなわばり争いの押しくらをしていると、通りかかった天敵のミヤコドリ、もっけの幸いと流れ者の貝をぱくりと喰ってしまった。

「なまだぶなまだぶ……」なすび太郎は恐ろしさのあまり、ぶるぶる震えて念仏を唱え、もう必死の思いで岩にしがみついた。あきらめた鳥がいなくなっても、なすび太郎はというと、ずうっと岩にしがみついたまましゃ。まわりの貝が心配して声をかけたが、するとどうじゃろう。

「ひょうえええ。な、なすびどんがおなごになっとるぞ」

「しかもえらいべっぴんじゃあ」

そうなのじゃった。ナスビカサガイは、大きくなると雄から雌に性転換する貝なのじゃった。皆驚いて開いた殻がふさがらんかったと。

その後も、通りがかりの魚は、ナスビカサガイに声をかけていった。

「なすびどん……いや違ったおなすちゃん、精がでるのー」

けれど、やっぱりナスビカサガイは返事もせんかった。むっつりしてるのでなく、恥ずかしゅうてようあいさつもできんのじゃったとさ。

［ナスビカサガイ］
カリフォルニア海岸の潮間帯の岩場に棲む。軟体動物門腹足綱。体長最大9センチ。岩を酵素で溶かし作った「家痕」を中心にナワバリを持ち、自らの粘液を肥料にラン藻を育て餌とする。潮の満ち引きに合わせ餌を取ったり帰巣したりする「帰家」行動をとる。加齢とともに性転換する。

©まんが日本貝ばなし

ギャングのエコ事業

ダイオウグソクムシ

節足動物門甲殻綱等脚目スナホリムシ科……分類名を述べるより、**体長50センチ**、一抱えもある巨大なフナムシといった方が話が早いだろう。間違っても一緒にお風呂に入りたくない代物だ。

戦国時代の甲冑（かっちゅう）「具足（ぐそく）」で装甲されたサンダーバード2号のような恰幅のボディはいかにも戦闘的で、ギャンググラサンの目つきもワルな、これぞ海の殺戮者といった威容だが、実際は生物の死骸を処理してくれる深海の腐肉食動物（スカベンジャー）。大王と名がつけど暴君でもなく、殺し屋でもなく、

ディープ・シー・ギャングと呼びたい目つきの悪さ

3500 の個眼で構成される複眼を持つ。
日光に弱い。攻撃を受けるとボール状に丸まる。

チムチムチェリーの深海掃除屋さんなのだ。

武士は食わねど高楊枝。この清掃の大王は、海よりも深い忍耐で飢えに耐え、死骸が降ってくれば高速で飛来、ヌタウナギなど他の清掃業者を牽制（けんせい）しつつ、高度に複合化したその顎ではらわたをこそぎ取り、肉を解体し、強力な清掃作業を展開する。あまりに作業に身が入りすぎて、ついには腹が膨れて動けなくなってしまうほどだ。漁網にかかったサメの腹部が異常に膨らんでいるのを不審に思い裂いてみると、はらわたの代わりにダイオウグソクムシの仲間、オオグソクムシがぎっしり詰まっていたという**愉快な出来事**もあったという。

かくして海はリサイクルが徹底し、死骸でさえも資源として有効活用され、海も浄化される。だが浄化できない缶やらビンやらペットボトルやらの人間ゴミは深海までをも浸食する。深海の掃除の大王も、こんなものにはグラサン越しに冷ややかな視線を投げるだけだ。
そしてこういったゴミ容器は、あられもなく有機だの天然だの大自然の恵みだのを謳(うた)い文句にしていたりするのだ。

［ダイオウグソクムシ］
体長50センチほど。等脚類の中では最大の種。西大西洋、メキシコ湾などの水深200～1000メートルの深海底に棲む。単独で行動し、死んだクジラ、魚、イカなどを餌とする。石灰海綿質の鎧状の外骨格を持つ。雌雄異体で、受精卵は無脊椎動物の中で最大のサイズ。

俄然として覚むるは人か海牛か

コチョウウミウシ

昔者（むかし）、荘周（そうしゅう）夢に胡蝶（こちょう）と為（な）る。栩栩然（くくぜん）として胡蝶なり。その昔、荘周という男が夢で一匹の蝶となった。空を舞い、花と戯れ楽しい時を過ごすが、目覚めてふと思う。実は本当の自分は蝶で、今の自分は蝶の見ている夢ではなかろうか。古代中国の偉大な思想家、荘子の「胡蝶の夢」の逸話は、我々が絶対と信じている自己の存在というものに揺さぶりをかける、哲学的な寓話として有名だ。

だが彼の夢が胡蝶ではなく、胡蝶海牛（こちょううみうし）であったらどうだったろう。

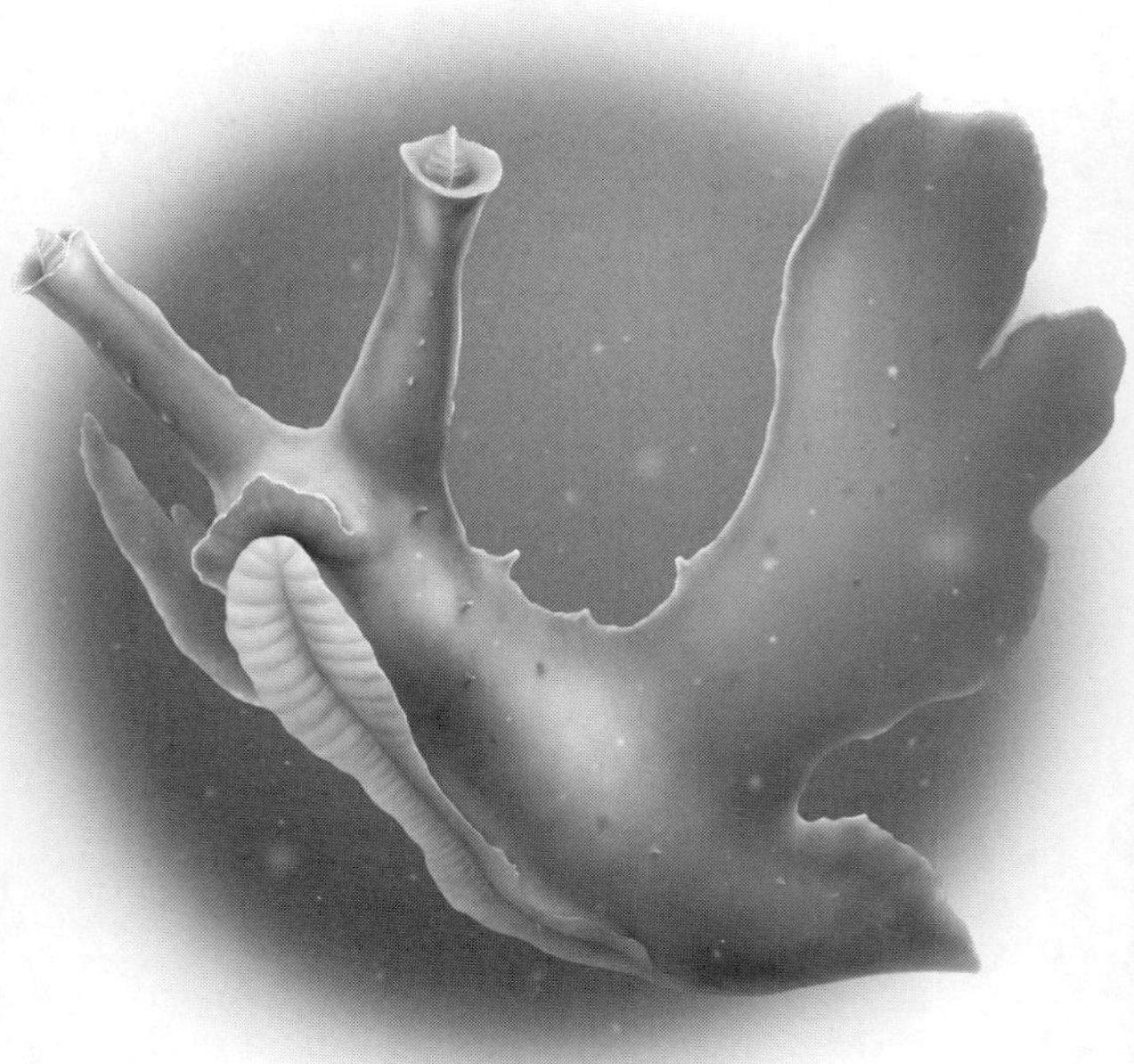

蝶のように舞うコチョウウミウシ

頭部の嗅覚を持つ触角で餌を探知。状況に応じて
そのセンサー部は先端の吸盤状の部分に格納される。
ビームを出すわけではない。

この生物は昔は巻き貝だったが、ひきこもりの人生にも飽きたのか、殻を捨て、それにも飽き足らずに翼を生やし、ついに「飛行」するまでになったウミウシだ。大海原をのんびりと舞い、コケムシやらヒドロ虫やらのご馳走も豊富な海中の暮らしは、せわしい蝶などよりもさらに穏やかで呑気そうで、荘周も夢から戻らなかったのではあるまいか。

だが、親の庇護さえない小さなウミウシの幼生は、その多くが動物プランクトンだの魚だのに喰われてしまい、ここまでの成体になること自体が実は至難の業なのだ。ウミウシの夢を見ても人間と同じ競争の憂き目を見るなら、もはやどちらがどちらの夢でも変わりはない。

人の夢に海牛為るか、海牛の夢に人為るか。経済的生存競争が自然界もたまげるほどに激しくなってゆくこの世界で、一般庶民への経済的淘汰圧はさらに高まっていくだろう。人生が海底にまどろむ一匹のウミウシの夢であるなら、せめてもう少しいい夢を見させてほしい。ウソでもいいからお願いしたい。

［ コチョウウミウシ ］
体長4・5センチほど。インド洋、西太平洋に分布。ヒドロ虫などの刺胞動物やカイメンを餌とする。頭部の触角は嗅覚器官。雌雄同体。翼に見えるのは側足が変化したもの。色は環境により、明るい緑色から茶色に変化する。オレンジ色の紐状の卵塊を産み出す。

ホシバナモグラ

鼻は利いても目端は利かぬ

ナメクジが瞬時に消える。アリも甲虫もイモムシもぱっとかき消えてしまう。錯覚か？　ダーク大和のマジックか？　ホシバナモグラのシャッタースピードのような捕食はあまりに高速で、超常現象にさえ思える。

鼻先の「星」は「アイマー器官」と呼ばれる、微細な振動、圧力、材質などを感知する世界で最も精密な触覚センサーだ。ホシバナモグラはこのセンサーで接触物体が獲物か否かを**〇・〇二五秒**（25ミリセカンド）で判断、〇・二〇五秒で捕獲、合計〇・二三〇秒（230ミリセカン

1日に体重の25%の食料がノルマ

鼻先の22本のセンサーは常にピクピクと動き、
世界を触覚で認識している。トンネルネットワークを共有、
ご近所づきあいも欠かさない。繁殖期は一夫一婦制。

ド）で平らげる。しかも触覚のみでの行動だ。加速装置を持っているとしか思えない。

「技能五輪国際大会」金メダリストの日本の技術者は、1000分の1ミリ精度という、精密工作機械もお手上げの金属加工をヤスリ一本でやってのける。日本のハイテクも、実は熟練した匠の技に支えられているのだが、アイマー器官の感度は、こんな微細な感覚を持つ人間の手のさらに六倍にも及ぶという。

ホシバナモグラはこの精密触覚で捕食効率を極端なまでに上げてきた。体の代謝が非常に高く、捕食がトロいとカロリー収支で赤字が出てしまうからだ。

だが自然界において、売りが精密さだけでは厳しい。池や湖に出稼ぎに行き、**水中を泳ぎ回り**せっせと魚捕りなどもする。しかも冬眠なしの年中無休。進化過程で「カイゼン」を繰り返し、技術革新を成し遂げ、出稼ぎにまで行ってがんばってもようやくトントンの生活なのだ。働けど働けど我が暮らし楽にならざり。ぢっと手を見てもモグラなのでよく見えない。

［ホシバナモグラ］
体長20センチほど。北米の森林地帯、湿地帯などに棲む。昆虫、軟体動物、小魚などを餌とする。三〜四月が交尾期で四月下旬から六月に出産。網目のようなトンネルを掘って暮らす。一年を通して活動。冬眠はしない。脳の大部分が触覚の情報処理に使われると考えられている。

気になるぞ毛目玉

ミノアンコウ

「ゲゲゲの鬼太郎」の「髪の毛大戦」という話には「毛目玉」という妙な妖怪が登場する。妖怪「髪さま」の家来・毛目玉は、「生け贄（いけにえ）を百人よこし、二四時間以内に村役場を明け渡せ」と村人に最後通達を突きつける。鬼太郎は自衛隊と共に駆けつけるが、隊員は全員髪さまにつるっパゲにされてあっさり退却。だが鬼太郎の働きで髪さまは消滅、めでたしめでたしゲゲゲのゲというストーリーである。

「毛目玉」は、目玉親父にふさふさの毛が生えたような妖怪で、ストー

浮遊するミノアンコウ

最初に発見された時はクラゲに食われている魚ではないかと思われた。
水槽に入れると翌朝には死んでいたという。

リーとは特に関係もなく、ねずみ男に小便をかけられてしまうほど弱々しい存在だ。何故人気者の目玉親父と酷似したキャラクターをわざわざこんな情けない悪役にしたのか合点がいかない。

しかもこの毛目玉は別のエピソード「ベトナム戦記・鬼太郎サイゴンへ行く」には、「ベトナム在住の目玉親父のいとこ」として登場する。全く筋が通らない。毛目玉は何人もいるのか？　この二つの話の毛目玉は、毛目玉といえど別の毛目玉なのか？　水木しげる先生は最盛期は殺人的に忙しく、唯一の楽しみは隣の柿の木を**数秒**眺めることだけだったというから、朦朧（もうろう）としたまま描いてしまったのかもしれない。他のメジャー妖怪に比べると取るに足らぬ毛目玉だが、「ケメダマ」という語感とあいまってどうにもこうにも気になって仕方がない存在だ。

ところでこのミノアンコウという魚はこの毛目玉にちょっと似ている。希少種でこれまで数個体しか捕獲されておらず生態も不明、従って何も書きようがない。このページにほとんど**毛目玉のことしか書かれていない**のは、そういった理由によるものである。

［ミノアンコウ］
全長15センチほど。アンコウ科ヒメアンコウ属。紀伊半島以南、南西諸島、東シナ海に分布。成魚は他のアンコウ類と同様の体型となるが、若魚は全身を繊維状の皮弁に覆われ浮遊生活を送る。「ミノ」はクラゲの擬態ではないかと考えられ、長いもので体長の二倍はあるという。

飼い犬は手を嚙み、飼い竜は……

アホロテトカゲ

いやがるウーパールーパーをむんずとつかみ、思い切り引き伸ばしたかのようなアホロテトカゲは、南米・アフリカなどの熱帯に分布する手も足もないトカゲ、ミミズトカゲの一種である。地中に棲み、アリなどを餌にするという、ただでさえ珍しい爬虫類だが、アホロテトカゲはその中でも**前肢だけ**をもつという、さらに珍しいトカゲだ。

ミミズトカゲは餌の調達のため、アリの巣近くに棲むことが多いが、南米のハキリアリに生物兵器として使われているといった報告もなされ

つつくとミミズのように跳ね回るアホロテトカゲ

ミミズを食う「モノマネドリ」が間違えてつつき出してしまい、
双方共に驚愕することがあるという。

ている。ハキリアリは葉で作った苗床に菌糸を植え、キノコ栽培をするという、人類より五千万年ほど前から営々と畑仕事をしてきた農業アリだが、外敵アリ撃退用にこのミミズトカゲを飼っているという。ミミズトカゲ類の学名はAmphisbaenia、古代ギリシャ神話に登場する「双頭の竜」を意味する。敵アリが襲ってくるとこの巨大な竜は始動、鎌首をもたげ、尾をうち振り、農業従事者などでは歯が立たない凶悪な外敵を次から次へとぱくぱくと平らげていく。戦闘専門の外敵アリもこの巨大生物にはなす術（すべ）もない。ハキリアリはミミズトカゲを守護竜マンダのごとく崇（あが）め奉っているのかもしれない。

だがこの生物兵器、有事にはこの上なく頼りになる存在だが、平時にはぱくぱくと主人である**ハキリアリをおやつ**にしてしまうという。

ハキリアリ女王もこれは「やむなし」と認めているらしい。軍備とやらは、愛する人を守るためとか何とかいった理由で必要だそうだが、そのコストは、結局一般市民の血税によって支払われるのである。

［アホロテトカゲ］
体長12〜26センチ。メキシコのみに生息。爬虫綱有鱗目ミミズトカゲ亜目。四肢のないミミズトカゲ類の中で、例外的に前肢のみがあり、そのかぎ爪で穴を掘る。アリ、シロアリなどの無脊椎動物を餌とする。卵生で一度に一〜四個の卵を産む。顎の骨を介して、音を振動でキャッチする。

Xの悲喜劇

フタゴムシ

水中を漂う微小な寄生虫、フタゴムシは夏になると活発化、コイやらフナやらの呼吸に乗じてその体内に侵入、鰓(えら)に寄生する。寄生に成功すればもはや**目玉は必要ないので捨ててしまう**が、万力のような吸着器で鰓に密着、生き血を好きなだけすすれる安定した生活を確保できれば、視覚など毫(ごう)も必要でない。

だが、安楽生活を手に入れたというのに、彼らは不可解な行動をとり始める。同じ鰓内にたどり着いた他の仲間を探し始めるのだ。体長0・

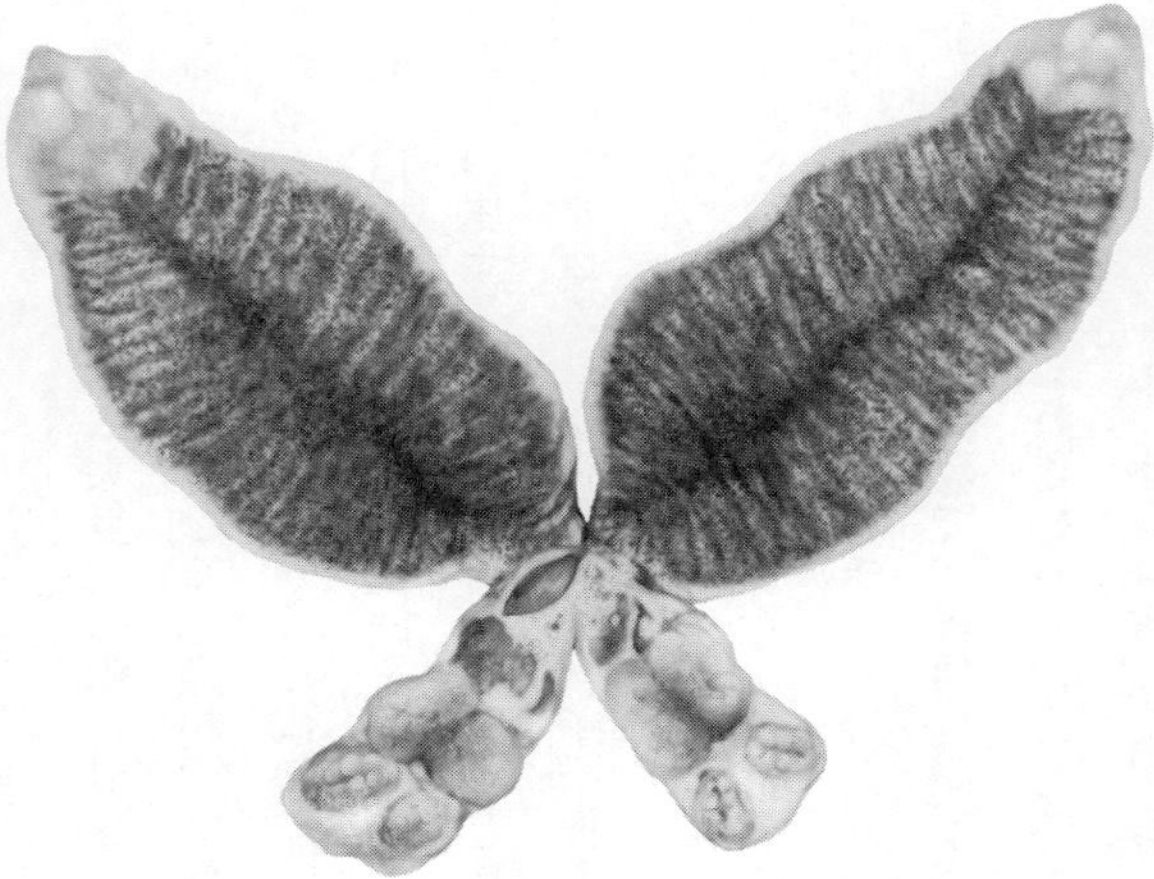

学名の「paradoxum」はラテン語で「信じられない」の意

各個体が合体して成長するが、どうやってお互いを発見
できるのかはわかっていない。東京のナイス・デートスポット
「目黒寄生虫館」のシンボルマークでもある。

1ミリに満たない彼らは広大無辺の鰓世界を三千里も旅し、ついに相手を見つけると体の一部はむくむくと隆起、一部はへこみ始め、互いのその凹凸をがっちりと組み合わせX字状に二匹が**合体**、物理的に融合した生物学的共白髪(ともしらが)と相成って、生涯を添い遂げるのだ。

フタゴムシの属する単生類は自分の卵子と精子を自家受精させて繁殖するが、このフタゴムシは合体して精子交換をするので自家受精とも他家受精ともつかない。そしてこの一匹だか二匹だかわからない生物は魚の生き血を吸いまくり、成長しまくり、卵を産みまくり、おかげで魚は貧血となり、途中下車してベンチでぐったりだ。

寄生したフタゴムシが偶数で、皆仲良く添い遂げれば幸福だが、奇数の場合は一匹余ってしまうというのが哀しくも単純な数の論理というものだ。余ったフタゴムシは成長もせず、ひとりぼっちでセーターなど編みながら、まだ見ぬ相手を待って待って待ち続け、やがてセミは鳴きやみ、枯れ葉は舞い、季節は巡り冬が来れば人知れず死んでゆく。寂しい、などという甘いものでない。孤独は死そのものなのだ。

［フタゴムシ］
コイ科などの淡水魚に寄生する。扁形動物門単生綱の一種。雌雄同体で、二つの個体がX字状に結合、合体虫体となって成熟する特異な発育形態を有する。合体した個体は二〜三年は生き続け、三月に産卵、六月に幼生が発生する。

北の海にぽちっとな

イボダンゴ

白玉ほどの大きさだが、これで一人前である。小さいヒレで懸命に遊泳、というより浮遊する。端的に言って泳ぎはヘタだ。こんなトロさと小ささで、厳しい海でやっていけるのか、波に簡単にさらわれてしまうのではなかろうか？　だが心配はない。イボダンゴの腹には**吸盤が一コ**ついており、この吸盤で貝にも岩にもコンブにもぴたっと吸着。荒波にもその吸着力と根性で立派に対抗する。

イボダンゴは繁殖期にもその根性を発揮する。普通の魚だったら何と

吸盤でくっついちゃうぞイボダンゴ

粘着性のある赤色の卵を、巻き貝の貝殻の中に200個ほど産みつける。
その後は雄が卵を守る。

いうこともないが、イボダンゴにとっては天竺にも匹敵する遠い道のりを旅し、浅水域にたどり着くと、貝殻に卵を産みつける。そして雄はまだ見ぬ子供たちを守るため、果敢にも飲まず喰わずで卵に付きそう。その勇気と忍耐には敬意を払うべきで、「こんなちっこいのがいたところでさー」などという正直な感想を口にしてはいけない。雄は卵が孵化する頃にはその命を終えるのだ。

イボダンゴ類が産卵するといわれる知床は、二〇〇五年に世界自然遺産となった。喜ばしいことだが、この先「知床よいとこ一度はおいで」の宣伝が増えれば「自然が好きです」な人たちは歓声と共に押し寄せ、おきまりの「マナーに欠ける観光客問題」が立ち上がるかもしれない。IUCN（国際自然保護連合）と漁業関係者の対立もすでに始まっている。

近年富士山はようやく世界遺産になれたが、長い事それが叶わなかったのは、ゴミと商業施設のせいであるともいう。この知床の自然遺産を守るか食いつぶすかは、我々次第だ。知床の生物、イボダンゴも人類の宝。捕まえて壁にくっつけたり、ミニミニふぐ提灯などを作って売りつけたりしたら銃殺ものだ。

［イボダンゴ］
体長3センチほど、中には13センチに達する個体も。カサゴ目ダンゴウオ科。底生性で、多毛虫類、軟体動物などを食べる。北極圏、北大西洋の冷水域、日本では北海道太平洋岸、オホーツク海などに分布。一二～六月にかけて産卵のため長旅し、浅水域で産卵する。生態は不明点が多い。

こんなイタズラもだめ！

哀愁と騒音のハーモニー

インドリ・インドリ

出来の悪いクマの着ぐるみのようだが、樹上で果実や葉を食べて暮らす原猿の一種である。日が昇ると群れのナワバリ主張のため一斉に鳴き、その声は朝焼けに染まる哀愁のハーモニー……というと聞こえはよいが、実際は不幸な豆腐屋が嘆きのあまりやけくそに吹き鳴らすラッパのようで、周波数750Hz、周囲3キロに轟(とどろ)く大音響。周辺住民動物にとっては嘉手納(かでな)基地なみの大迷惑だろう。

だが彼らは、槍を空中でつかみ狙い違(たが)わず投げ返し、死者の魂をも宿

一夫一婦制、カカア天下のインドリ・インドリ

マダガスカルのペリネ自然保護区に多く棲む。群れの中では雌が格上。
常にグループで行動、鳴き声でナワバリを主張する。

す不死身で神聖な動物とされてきた。無論伝説だが、木から木へ**10メートル**にわたって跳躍するという大技を日常的に行うあたりは、やはり神秘的能力を持っているかのように思える。

インドリ・インドリをはじめ、「アイアイ」だの「シファカ」だの、妙ちけれんな連中が棲むマダガスカル島は固有種が生息動物の八〇％を占める、よその惑星のような特異な生態系をもつ。だがこの国は、世界の最貧国のひとつであり、貧困ゆえの焼き畑、森林伐採などで、自然林の八〇％は消失、動物個体数も減少している。地域開発と環境保全の両立策が急務とされており、二〇〇五年七月に英国で開かれたグレンイーグルス・サミットでは、これら最貧国への対外債務の免除が決定されたが、「バケツに一滴の水に過ぎない」との批判もある。

インドリ・インドリの名は、現地の人の「そこにいる！（エンドリナ）」という叫び声に由来するというが、こういった貧しい国々の上に先進国がどっかりとあぐらをかく構造的貧困の問題が解決せねば、この動物も遠からずそこにもどこにもいなくなってしまうかもしれない。

［インドリ・インドリ］
体長60センチほど。霊長目原猿亜目インドリ科。アフリカ南東のマダガスカル島北東の森林のみに生息、木の葉や果実を餌とする。樹上生活者であり、常に二〜六頭のグループで行動、鳴き声でナワバリを主張する。他の土地の環境には順応できない。五〜八月にかけて一頭の子を産む。

頭隠して尻で撃退

シリキレグモ

トタテグモ類は穴で獲物を待ち伏せるタイプのクモだが、その穴には種によって様々な外敵攪乱(かくらん)用の偽装——非常口、隠し部屋、居留守を装うダミー穴底など——が施されており、糸を引くと石が落下、居住区を覆い隠すというからくり仕掛けまで施す種もいる。

シリキレグモはかように防備に神経質なトタテグモ類の一種ではあるが、小細工は弄(ろう)さず、穴の中でケツを上向けてふんばり、自らが栓となって敵を閉め出すというダイレクト過ぎる防御法をとる。

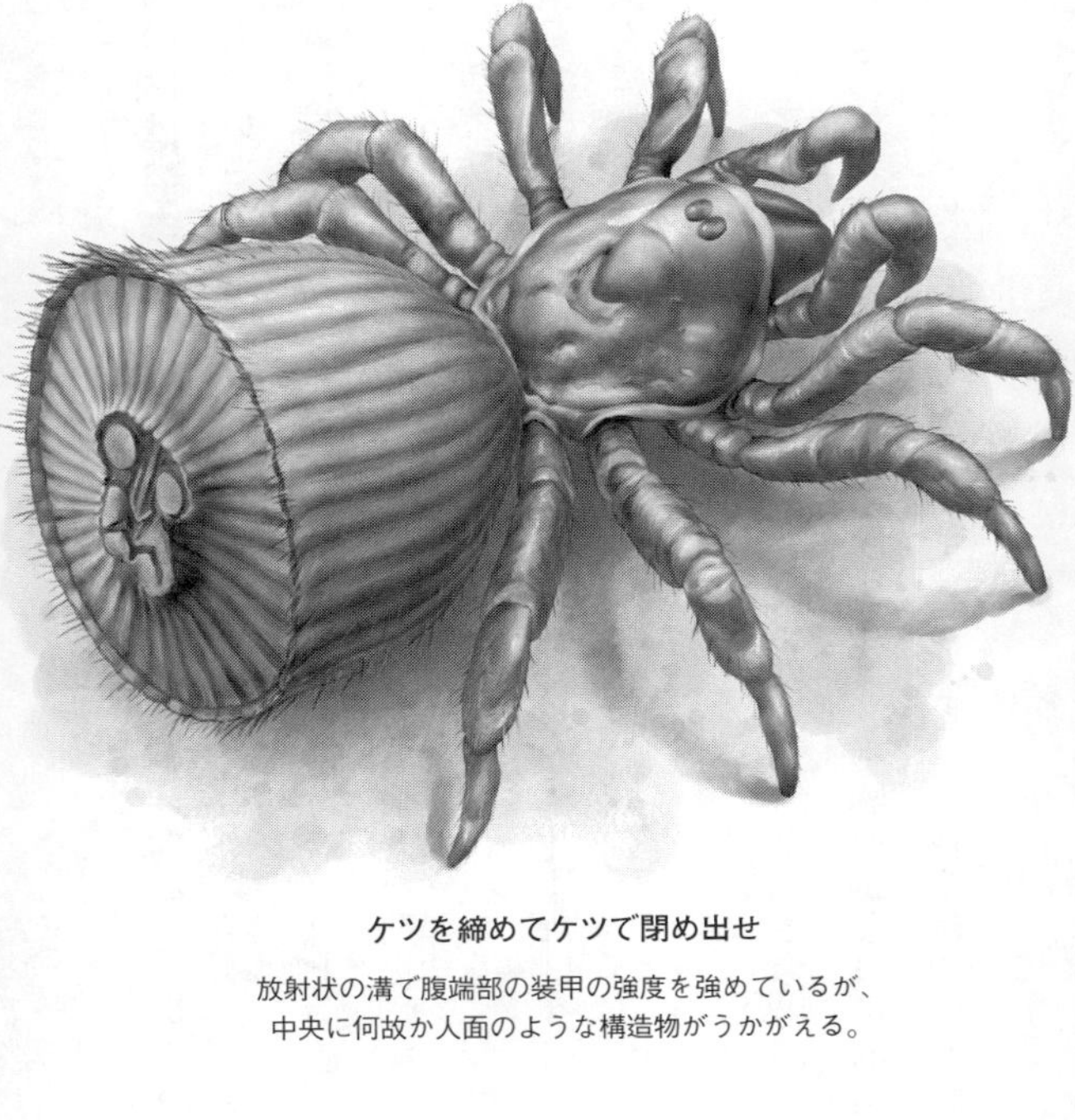

ケツを締めてケツで閉め出せ

放射状の溝で腹端部の装甲の強度を強めているが、
中央に何故か人面のような構造物がうかがえる。

彼らの**尻は装甲板と化しており、**穴は強固な城門で閉ざされることになる。いささか矛盾した言い方だが、「捨て身の防御」であり、その尻の城門は、人間がナイフでほじくっても抜けないほど強固だという。

彼らをこれほどまでに恐れさせる一番の敵は強大な動物でなく、ちっぽけなジガバチだ。この寄生性の昆虫は、クモ穴に侵入して麻酔針を一撃、麻痺させたクモに卵を産み付ける。幼虫が孵化すればクモは生きながら徐々に喰われていくという生き地獄を体験するわけで、尻まで装甲する気持ちもわからぬではない。

『鏡の国のアリス』には、アリスと「赤の女王」が「その場にとどまるために全力疾走」する場面がある。生物は、獲物や敵と軍拡的進化をし続ける事で存続のバランスを保っている、という仮説はその逸話にちなみ、「赤の女王仮説」と呼ばれる。シリキレグモの尻装甲もジガバチとの生物学的軍拡によってもたらされたものかもしれない。楯と矛は未来永劫競い合うのだ。

そして自然の摂理なるものは、この何万年にも及ぶ深刻かつ滑稽(こっけい)な競争を、チェシャ猫のようにニヤニヤしながら見ているのかもしれない。

［シリキレグモ］
トタテグモの一種。体長（頭から尻まで）雄は1・9センチ、雌は3センチほど。米国のジョージア州、テネシー州などに生息する貴重種。トタテグモ類は地面の縦穴に潜み獲物を待ち伏せ、マンホールのような蓋で敵の侵入を防ぐが、シリキレグモはその上さらに自らが「生きた楯」となる。

愛の逆さ吊り

マダラコウラナメクジ

マダラコウラナメクジの愛の交歓は、あまりに官能的かつスリリング、淫靡(いんび)かつ幻想的で、「芸術的情交」とでも名づけたくなる。

長さ20センチに至る、ふてぶてしいほど巨大なこのナメクジは、繁殖期になると連れ添う二匹が50センチに及ぶ粘液の糸を繰りだし、逆さ吊りになる。そして吊られたまま、銀の粘液に光る肌を寄せ合い、絡ませ、よじらせ、身悶(みもだ)えしつつ互いにその身を溶け合わせる。

するとどうだろう、二匹の体からエクトプラズムのような妖しの物体

愛の行為は２時間ほどで終了

ＢＧＭは「ダバダバダ……」でおなじみ、『男と女』（フランシス・レイ作曲）。
マダラコウラナメクジは嗅覚に優れ、学習能力も
あると言われている。キュウリが大好き。

がにじみ出てくるではないか。これが彼らのペニスだ。巨大にふくらんだ二匹のペニスは、**プロペラ**のように、**渦巻き**のように、そして相手をまさぐる恋人たちの手のように変幻自在に形を変え、ねっとりと舐め合い、溶け合い、互いに精子を交換する。彼らは雌雄同体生物であり両性具有者。彼らの異次元の愛の前には、雄雌の別などという低次元の事柄は問題ではない。さらにペニスの長さが**85センチ**にも達し、うっかりするとこんがらがってしまうという近縁の種に至っては、芸術も通り越し、もはや爆笑コントである。

だが愛の時間が濃密であるほど、その後は味気ないのが常だ。互いの精子で受精を終えた二匹は、地面にボテボテと不格好に落ち、サヨナラも言わずに別れると、真珠のような卵を産む。精子の交換が終わった途端、情熱の恋人たちは母に豹変するのだ。
だが、この軟体動物の激しい愛のひとときは、どの生物のそれよりも濃く、甘く、刺激的には違いない。そしてそのバックには映画『男と女』のムーディーなテーマ曲が流れているのは言うまでもない。

［マダラコウラナメクジ］
体長10〜20センチ、まれに30センチ。軟体動物門腹足綱。夜行性で落ち葉、死肉、地衣類などを食べる。ヨーロッパ、アジア、アメリカ西部の森、山腹などに棲み、湿った気候を好む。「卵精巣」を持ち、雌雄同体。卵、または幼生は土中で冬を越す。寿命は最高で三年。体の右側に呼吸孔を持つ。

ペットがくれる癒しと虫

ネコカイチュウ

ねえさん、最近タマを猫かわいがりしてるね？　升男さんと何かあったの？　度を超えてペットに密着するのはよくないよ。人畜共通感染症といってネコやイヌの寄生虫が、まれに人にうつる場合もあるんだ。寄生虫が体内を移動する「幼虫移行症」ってのになるらしい。……タマをぶん投げちゃだめだよねえさん。まあ落ち着いて。過度の接触は避けて、普通に手を洗って掃除して、一度薬をあげればまず心配ないよ。以前、砂場のフンから子供が感染して失明するって騒がれて、

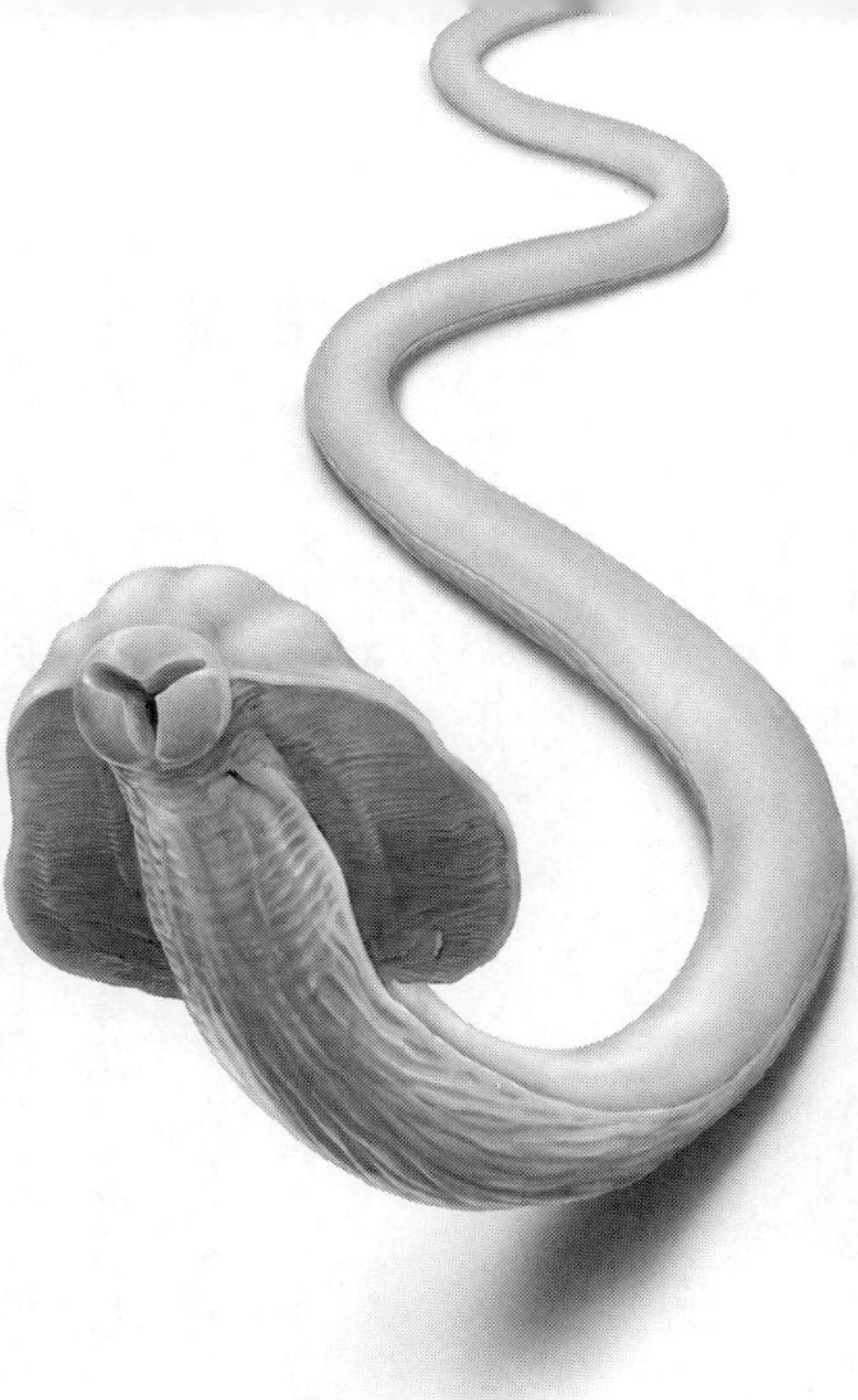

翼状突起「頸翼(けいよく)」を有する寄生虫

三叉状の「口唇」内には鋸歯状の歯が数百並んでいる。どうしてこのような形態なのか、
回虫博士こと東京医科歯科大の藤田紘一郎教授にお聞きしたところ
「サー知りません」とあっさり言われた。

お役所は公園の砂に**火炎放射**したり、抗菌砂なんてものを入れたりしたんだって。でも砂場の感染自体割合が低いし、失明するような重症例は過去日本ではほとんどないんだ。だから多良ちゃんだって砂場で遊んで平気さ。むしろねえさんみたいにやたらとチューしたり口移しで餌あげたり一緒に寝たりする、過度のスキンシップのほうが問題だよ。あと鳥のレバ刺しとか生肉がよくないみたい。居酒屋によく行く父さんや糊助おじさんの方が危険ってことかな。

うつったとしても重病にはほとんどの場合ならないし、不顕性感染といって、たいがいは症状にさえ出ないしね。でも万が一ってこともあるからペットとは適度に接した方がいいのさ。実はタマに駆虫薬飲ませたんだ。出たネコカイチュウがこれだよほら。あれ。ねえさん。ねえさんてば。あれれねえさんの顔の上で星が回ってら。ねえさんいつもぼくを叱(しか)ってばかりだし、この際だから仕返ししちゃおうかな。ねえさんの鼻の穴にネコカイチュウをこうして……ふっふっふ。おい勝男、何やってるんだ？　あ！　お父様！　いえアノ、何でもないです、はいぃ……。

［ネコカイチュウ］
体長、雌で4～12センチ、雄で3～7センチ。線形動物門に属する。餌、母ネコの授乳、齧歯(げっし)類などから仔ネコに感染、小腸で発育し、数週間で産卵。寿命は六～七ヶ月。ネコは嘔吐、下痢、腹部膨満などの症状が現れる。ヒトの子供に感染すると、土などを食べる「異味症」を生じる場合も。

過度に恐れる必要はない。

回虫博士探訪記

藤田博士の紐状な愛情

寄生虫一筋数十年。寄生虫とアレルギーの関係性を解き明かし、多くの著書を通じて我々日本人の健康問題について警告を発すべく日夜活躍。自らの体内にサナダムシを飼い、**キヨミちゃん**と名づけてこよなく愛し、身をもってその有用性を証明した寄生虫病学の権威、人呼んで「回虫博士」こと、藤田紘一郎医学博士。

二〇〇六年のとある冬の日、その藤田博士の研究室を訪問する機会を得た。

研究室のある東京医科歯科大学は、病院特有の空気に包まれていた。だが、向かうところは何といっても「回虫博士」の研究室である。一体どのようなところであろう。カビくさい棚に不気味な寄生虫や赤ん坊の標本瓶がずらりと並ぶ**日**

野日出志のような部屋だろうか。それともドグラ・マグラな実験室だろうか。入るなり有無を言わさず検便を強要され、恥ずかしい写真を撮られてしまうのではなかろうか。

しかしそんな期待と不安をあっさりと裏切り、通された研究所はごく当たり前の、近代的なオフィスであった。

「いやあ、秘書なんか置くとね、私絶対**何かしちゃう**から……」

などと言いつつ、藤田教授は手ずからお茶などいれてくれる。大学教授・医学博士という肩書きを持ちながら、ひとつも偉ぶるところのない**エロで気さくなお人柄**が見てとれた。

壁を埋めるように、多くの写真がピンナップされている。よく見るとどれもこれも有名人ばかり。取材で訪れた人や、そのテの病気に罹(かか)って博士を頼って来た人もいるという。中には顎口虫に寄生された某剛腕プロレスラーや、マラリアに感染したもんたよしのり氏とのツーショットといった、**レアもの**の写真も交じる。が、しかしそういった逸品に心を奪われていては話が進まない。まずはやはり、藤田先生の心の恋人、サナダムシについておたずねしてみよう。

サナダムシの事は皆さんご存じであろう。人間の腸に棲み着く10メートルにも及ぶ**紐状**（ひも）**の寄生虫**だ。だが気持ち悪い、コワイといった認識は過去の遺物、この生物は人間の生理に完全に適合、花粉症やアトピーを抑え、体重を適正に保ち、宿主の人間に様々に尽くしてくれる、ありがたい生物なのだという。

このサナダムシは、はじめから人間の体内に居つく訳ではない。サケ・マスを「中間宿主」として、それを食べた人間を「最終宿主」として寄生するという。何故そんなややこしいことをするのだろうか。

「ひとつには種の絶滅を防いでるんじゃないですかね。天然痘は人間にしかとりつかないので、人間の患者を隔離しさえすれば絶滅してしまう。しかしマラリアなどは中間宿主として蚊がいます。人間の患者がいなくなっても蚊が残ります。寄生虫にとって宿主が多くいた方がより安全なわけです。蚊を根絶することはできませんからね。

もうひとつは、サナダムシは移動に際して、中間宿主から栄養をもらい、充分成長したところで最終宿主に移るという、より安全な方策をとっているともいえます。そして最終宿主で卵を産み、卵は糞便と一緒に排出され、それをミジンコなんかが食べて、それを魚が食べて、それをまたヒトが食べ、そうやってこう、**うまいこと回る**んですね」

サナダムシは、寄生虫の分際で「リスク分散」という事をきちんと考えているらしい。しかし生物である以上、生殖活動を行わなければならないはずだ。相手を見つけたり、交尾する際のリスクというものはないのだろうか。

「サナダムシは雌雄同体で、基本的に一匹だけで生殖します。この細長い体に体節が**四千個**ほどありますが、この各体節に雄雌の生殖器があり、その**体節同士がつながう**わけです」

いきなり理解不能である。生き物には雄雌の別があり、各々の精子と卵子が結合、遺伝子が混じり合うことで子孫の遺伝子の多様性というものが生じるはずである。カタツムリなどの雌雄同体の生物にしても、やはりお互いの精子は交換されるはずだ。一匹の生物の、部分同士がつがうとは何事だろうか？　それはまるで己の手と足が、眼とへそが勝手にまぐわうようなものではないのだろうか？

「同じ一匹のサナダムシでも、各体節の**遺伝子はみな違います**。サナダムシは多くの場合一人の人間に一匹しかつきませんから、出会いはなく、他の個体と交尾することもありません。体の各々の体節が独自に生殖することで、遺伝子のブレンドを行っているわけです」

自分の中に、何千種類もの遺伝子の組み合わせを持つ生物がいるとは。そして体の部分同士が勝手にまぐわい、生殖する生物がしかも人間の腹に住むとは。いきなり超次元なお話である。ここはひとつ身近な話題にもっていって、体勢を立て直そう。サナダムシはダイエット効果があって、モデルはよく腹に入れてるなんてな話も聞きますが……。

「マリア・カラスはサナダムシで何十キロと痩せましたが、あれは外国産。サナダムシは昔は『広節裂頭条虫』と言ってたんですが、日本産のは『日本海裂頭条虫』といって、サケが中間宿主です。外国産はマスが宿主。日本人の体質には合わないから、外国産のを飲んだらえらい目にあいますよ。日本人が飲んで大丈夫

「テープワーム」と言われるサナダムシ

小さい頭部で腸の内壁に吸いつき、栄養を直接体壁から吸収するので消化器官は不要。数千もある体節内にそれぞれ雌雄の生殖器があり、体内で折り畳まれるように体節どうしが交尾すると考えられる。つまりサナダムシは雌雄同体の個体が多数連結した生物とも、全身が生殖器官からなる生物とも考えられる。頸部では体節を生産して成長、外被からは宿主の消化液から身を守る体外酵素を出している。

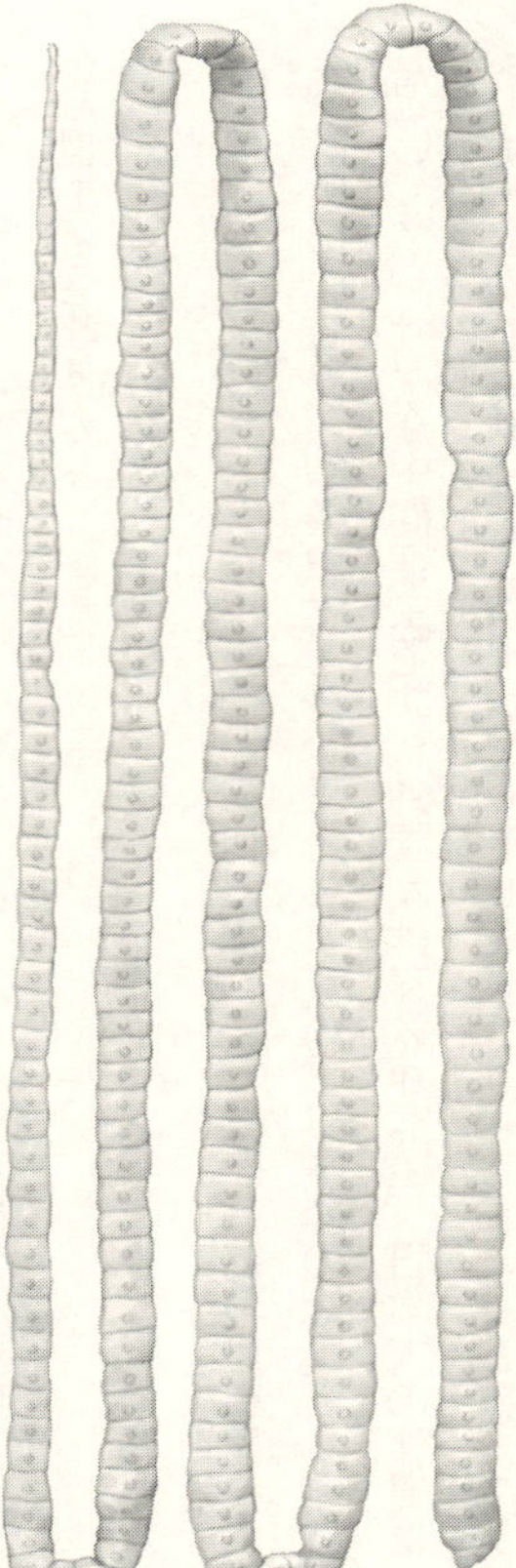

なのは『日本海裂頭条虫』の方です。こちらは何十キロというダイエット効果はないでしょう。せいぜい5、6キロでしょうね。食欲はむしろ普通より出ますが、太りはしません。私もお腹(なか)から**キヨミちゃん出てっちゃったら途端に5キロ太りました**」

しかし、ダイエット効果といっても、あんなひょろ長いかんぴょうみたいなやつが、ヒトを痩せさせるほどのエネルギーを吸い取り、消費するものだろうか。彼らは体内でほとんど動きもしないはずだ。それとも腸でジルバを踊っていたりするのだろうか。

「サナダムシは、全身生殖器といってもいいくらいで、一日約**二〇〇万個の卵**を産みます。そして最盛期には**一日に20センチは伸びます**。これはすごいエネルギー消費量ですよ」

生産性が高いにもほどがある。しかし、だとしたら一日20センチの割でいくらでも、果てしなく、とんでもなく伸びていってしまうのでは？

「腸がだいたい9メートルですから、長くて12メートル、まあ、身の丈に合ったサイズになるということです。それ以上伸びたら**何かの拍子に出てきちゃいますから**。今までで一番長いのは25メートルありました。ギネスに載せるとかでやった人がいるそうですが、下痢とかしたら**ワッと出ちゃうしねえ**。長くさせるのは色々大変みたいです」

身の丈にあったサイズに成長するということなら、もし腸が50メートルの長さの人がいたとしたら……。

「もし、栄養状態がパーフェクトだったとしたら、そのぐらい伸びるかもしれません」

サナダムシはダイエットだけでなく、その分泌物がアトピー性皮膚炎や、花粉症などのアレルギー症状を抑えるのだという。これを聞いただけでも、是非自分も一匹サナダを入れたい！　そして静御前とかヘップバーンとか名づけてかわいがりたい！　などと考える人が出てくるかもしれない。そしてそう考える人がやはり博士を訪れたりするのだという。しかし医師がサナダムシを飲ませたりして大丈夫なのだろうか。

「自分で飲む分にはいいんですよ。医師法違反にもならない。でもこれは薬でも食物でもないし、もしそれで相手の体に害を与えて、訴えられたりすれば負けるでしょうね。**しかし今まで飲ませて成功しなかった例はありません**。ただ最近はサナダムシの幼虫を入手すること自体、非常に困難です。サケ一〇〇匹に一匹感染しているかどうかですから」

重度のアトピー症の患者さんや、アレルギーで重い障害のある人も、藤田博士を訪れて救われたのだという。しかし、幼虫が入手できないならばその寄生虫の分泌物を薬品化できないものだろうか。それができないのは、この寄生虫のアレルギーに対する効能というものがまだ認められていないということなのだろうか？

「寄生虫がアレルギーを抑える事自体には、もう系統だった反論はないです。私はそのメカニズムを分子レベルで解明して、そのアレルギーを抑える物質の遺伝子を見つけ、特定していますから。そしてその物質を抽出はしたんですよ。それは確かにアレルギーを抑制することがわかりました。ですが、この物質はアレルギーを抑制すると同時に、ウイルス侵入やガン発生に対抗する体内の防衛物質、『インターフェロン』まで抑制してしまう事がわかったんです」

スギ花粉などの異物が侵入すると、それに対抗する「抗体」がヒトの体内で作られる。だが、本来だったら異物を撃退すべきこの抗体が花粉と結合してしまうと、余計なことには、鼻の粘膜などにある細胞を刺激してしまい、ヒスタミンなどの化学物質を放出、これがとめどないくしゃみや鼻汁の分泌を誘発する。

寄生虫によって誘発、産生される抗体は、この粘膜の細胞にとりつき、花粉や異物に過剰反応させなくしてしまう（注1）。アレルギー反応の輪を途中で断ち切るのだ。そしてこの輪を断ち切る寄生虫の分泌物が、ある種の「糖タンパク」であることを藤田博士は発見した。ところがこの「糖タンパク」は、ヒト体内で防衛の役を務める物質、「インターフェロン」の分泌をも抑制してしまうことがわかったのだ。

注1　この、寄生虫の分泌物がアレルギー反応を抑制する化学的プロセスの詳細については、藤田紘一郎著『笑うカイチュウ』（講談社文庫）、『フシギな寄生虫』（日本実業出版社）をお読みいただきたい。

「私はその『糖タンパク』の特許を取りましたが、アメリカの会社がその物質だけ**はずして**同じ実験をしまして、もう薬にはなってるはずです。臨床試験が終わった段階ぐらいでしょうから、二〜三年後には出回るんじゃないでしょうか。糖タンパクの代わりにインターフェロンのバランスを崩さない物質を使ったんでしょうね。物質ではなく、実験の『手法』で特許をとるべきだったんでしょう。手法としては簡単なものなんですよ」（注2）

しかしオリジナルのご研究をされていたのは藤田博士である。アメリカの会社は同じ実験手法を用いている。特許物質をはずしたということだが、これは要するに研究をまるっぽパクったということでは……。

「**まあそういう世界ですから**。我々が研究の糸口つかんで、それ見て後から

注2　2014年現在、アレルギーを抑える薬ではなく、自己免疫疾患を治す薬としてアメリカで発売されている。

やってきた他の人が勲章もらっちゃったりとかね……。

ただ、アレルギーを抑える役をするのは、細菌やウイルスもいるわけで、そういった共生菌などの良い細菌をいたずらに追いやっている現代の**異常清潔志向**の社会の方が、今は重大だと思っています。

過剰な清潔志向がアレルギーを生んでいることはどの事例をとっても当てはまるし、もはや否定できないでしょうね」

藤田博士は著書で、殺菌、除菌、消臭など過度に行き過ぎた日本人の清潔志向が、人間が本来持つ細菌などへの耐性を著しく弱め、アレルギーやその他の疾患を招いている事を繰り返し警告されている。

だが、いまだに菌と名がつくものはとにかく汚く不潔で病気、といった単純な解釈が一般的なものだ。顔の皮膚の脂質代謝を行ってくれている共生虫の顔ダニも、ニキビや肌荒れの元凶という話がまかり通っていると藤田博士は指摘する。

何故なのだろう？

「『キレイ』は**お金になるからですよ**。『抗菌』とつけると売れるようになったりするんです。しかしそれが健康に最終的に及ぼす影響は勘案されてませんし、科学的裏付けもありません」

つまりは理屈もへったくれもなく、とにかく「菌」さえなければ清潔健康という単純思考、科学の衣をまとった**土俗信仰**のようなものなのであろうか。なら

いわゆる「菌」のイメージ。当然の事ながら、こんなやつは存在しない。

ば抗菌消しゴムに抗菌通帳、さらに信仰心が高まれば、抗菌仏壇なども出てきてもおかしくない……と、冗談で書こうとしたら本当にあったので驚いた。
本来人間を守っている共生菌・常在菌などをも化学薬品で訳もわからず殲滅し、「菌＝悪」という単細胞的なイメージのみで、自らの身体の抵抗性を弱めている現代人。しかしその事が**わかってさえも、**なお我々の迷信じみた清潔志向は収まりそうにない。これが今の日本社会である。

それにしても藤田博士は、まことに自由奔放に好きな研究だけを伸び伸びとされていらっしゃるようにも見受けられる。しかしなんと言っても寄生虫だ。世間一般に理解を得られない部分はあるのではなかろうか。

「それはありますよ。世間一般でなく大学でも。私がハダカ新聞（注3）に連載持った、という投書が来ましてね、その事で大学で**査問委員会**が何回も開かれ

注3　スポーツ紙をこう表現する人がいるらしい。

ましたよ。セックスに関する事を書いたら品格がないという理由で」

査問とはまた大仰である。しかし書いたといっても、別に藤田博士が「義母の蜜壺」とかいったエロ小説を連載したわけではない。そのコラムは性病などの事も含め、寄生虫、感染症など医学的知識の啓蒙（けいもう）であるのだ（注4）。しかるに大学、しかも医学の殿堂たる医科大学で理解が得られないとはどういうことなのだろうか。

「東スポに書いたのが私の罪ですかと聞いたらそうだと言う。朝日新聞に書いた時は問題なかった。じゃあ先生方は東スポと朝日の読者差別をするんですか？と聞きました」

ロジックでいえばまことその通りである。

注4　「東京スポーツ」に連載のコラム「カイチュウ博士 脳より賢い腸の話」。

「そう言うと、向こうは何も反論できませんでしたけどね。もう決まってセックスの話、ウンチの話をするのは、大学教授の品格を貶めるとか何とか言われるわけです」

昔のドリフに対するPTAの反応を思い出してしまうような話ではある。百歩譲って一般の大学ならまだしも、医科大学でそういう認識をされているというのは理解に苦しむ。医学博士が性病の話をすると品格が堕ちるのだろうか？　高校球児は坊主頭がサワヤカという話と変わらないではないか。

「まあうちの大学だけじゃないですけどね。こういう組織では突出した人間は居られないですよ。理事やりたさに相手を蹴落とそうとかね。目立った人間に何かしてやれとかね。くだらないですよ。昔は学問もできて、人格も立派だと認められた人が学長になりましたけれども、今、そういう人はなろうとしないですね」

まさに『白い巨塔』である（注5）。

「そういう世界ですから『変な者』が出ないんですよ。口では多様性とか個性とか言いながら、その実、誰もがみんながやっているような分野の研究しかやろうとしない。それからちょっと外れるともう誰もわからない。みんながみんな遺伝子とかやって、寄生虫やる人がいないと困るわけですよ。みんな自ら平均化しちゃってね。外れたことはやろうとしない」

子供の間でも、他人と毛色が違うと排除される「同調圧力」なるものが最近は大きいという。学問の世界でさえも、平均化への圧力、出る杭が打たれるような風潮があるのだろうか。

注5　重厚な演出で魅せる劇場版（66年・大映。山本薩夫監督・田宮二郎主演）のことを指している。

「こういうこと、若い人は敏感に感じてるんじゃないですか。私、若い人の感じ方っていうのを、ものすごく信じてるんです。彼らは考えてないでしょ。感じてるでしょ。理屈じゃないから。あの……何でしたっけ？　ガングロ？　ああいうのが流行ったのも、こういうキレイキレイな社会に対しての無意識の反発とかがあったんじゃないでしょうか。**『へんないきもの』って本も、私売れるとは思ってませんでしたけど、**今の社会が異常清潔志向にもかかわらず、こういうのがウケるというのも、平均化されたものから飛び出したい、異物とかを見たい、触れたいっていう欲求があるんじゃないですかね。そしてこういう異物がちゃんと生きてるんだっていう事実に心癒されるんじゃないかな」

それにしても、多数の著作を持ち、連載を持ち、なおかつ多くの人の健康管理をし、さらに大学の研究、海外のフィールドワーク、講義、講演、テレビ出演、あまりにエネルギッシュな博士のお仕事ではある。

「損だと思いつつも、もう運命でこういう道来ちゃったからしょうがないと思って。だからこうやって売った本のお金を研究室に入れて、それで研究しないと**研究費ゼロ**ですから。大学がくれるの電話代とコピー代くらいですから」

日本の将来は大丈夫なのだろうか。

「普通の教育やってりゃラクなのに、研究室の応援もないし昇給もないし、**こんなアホな事ないよなァ**と思いつつもね、こういうメッセージ出せる人も他にいないし、運命でここまできちゃったんでしょうがないかと思って。本当は養老先生みたいにかっこいい本をどーんと出せればいいんでしょうけどね。書かせてくんないですよ。**ウンコとか寄生虫のことばっか**ですよ。ハッハッハ」

ハッハッハと笑う藤田博士、しかしながらその顔は、自分の進むべき道に揺るぎない自信を持つ男のそれである。

藤田博士は、大学という巨大組織に寄生する一匹の寄生虫である。博士はこの体内で、絶えず異物を排除しようとする免疫システムと、ある時は戦い、ある時はトンチですりぬけ、常に「生き物としてまっとうな道」を模索しているようにも思える。

しかし、博士にとって大学は中間宿主にすぎない。彼の最終宿主は当然、この日本という国である。弱り、歪(ゆが)み、へたる一方のこの国をまっすぐに、元気にしようと、この大学教授医学博士の肩書きを持つ寄生虫は一人で、いや、一匹で孤軍奮闘しているのである。

藤田博士の体内には、現在、パートナーのサナダムシはいない。秋頃に飲んだというが、まだ居ついたかどうかはっきりしないという。

藤田博士にお会いしてから季節は巡った。博士の体内にはもう愛しのサナダムシはいるのだろうか。

そしてそれは、いや彼女は何という名前なのだろうか。

藤田紘一郎
1939年生まれ。

医学博士。東京医科歯科大学名誉教授。人間総合科学大学教授。

専門は免疫アレルギー学、寄生虫学、熱帯医学。

94年『笑うカイチュウ』（講談社）を刊行、95年度講談社出版文化賞科学出版賞を受賞。

主な著書に、『寄生虫博士のおさらい生物学』『えっヘン』（ともに講談社）、『ウンココロ』（共著、実業之日本社）、『藤田式ウォーターレシピ』（主婦の友社）、『「万病」虫くだし』（廣済堂出版）、『原始人健康学』（新潮社）、『清潔はビョーキだ』（朝日文庫）、『日本人の清潔がアブナイ！』（小学館）、『うんちのえほん』（岩崎書店）、『脳はバカ、腸はかしこい』（三五館）、『50歳からは炭水化物をやめなさい』（大和書房）ほか多数。

藤田先生の研究室にある
サナダムシの標本。

何やこらフナ文句あんのんか

ジャンボタニシ

青い稲がそよ風になびく、京都は久御山(くみやま)町の水田地帯に、ある年の春、突如、毒々しいピンク色のスジコ状物体が発疹のように広まった。このたおやかな田園の光景にはあまりに異質、外宇宙生物の襲来か新種の伝染病に思えたこの物体は、ジャンボタニシの卵であった。

ジャンボなタニシだからジャンボタニシ。いかにも頭悪そうな名前だが、この生物にはぴったりだ。殻は5センチに達し、動植物問わず、死骸、段ボール、果ては仲間まで喰う超雑食性、いたいけな稲の幼苗も遠

電気グルーヴの曲でもお馴染みのジャンボタニシ

手前は普通のヒメタニシ。奥がジャンボタニシ。
京都では高齢者雇用も兼ねた駆除隊を結成、３時間で50キロも捕獲したという。

慮会釈なく喰い荒らす。日本の春の小川にはおよそ不釣り合い、その巨大さと貪欲さでドジョッコだのフナッコだのの眉をひそめさせ、図々しくも、鰓と肺の両方を持つ、水陸両用の大型巻き貝である。

ジャンボタニシはそもそも南米産の移入種である。その昔**「淡水サザエ」**と称して販売されたが、当然売れず、業者は倒産。用済みとばかりに捨てられた彼らは、たくましい繁殖力で増えに増えたのだ。

本来、生態系は外来種侵入、自然災害等で変貌していくものであり、長期的に見ればこういった生態系の撹乱も自然の出来事とも言える。だが可愛いタイワンリスやビンビンのファイトを約束するバス、カッコいい外国産クワガタなどの人為的移入種は、生態系、というより「人が生態系から受ける恩恵」の方を結果的には喰い荒らす事になるかもしれない。そして殲滅を叫んでも、もはやそれは不可能だ。

邪魔者のジャンボタニシは水田の水位操作により「無農薬除草機」として使えることがわかってきた。バカとタニシは使いよう、殲滅以外の道も見つかったわけ……だが、無論物事はそう簡単には解決しない。

［ジャンボタニシ］
標準和名スクミリンゴガイ。軟体動物門腹足綱の淡水性巻き貝。南米原産の移入種で、雑食性。雌雄異体で、八〜九月にかけて数日間隔でピンクの卵塊を産生する。年間総卵数は二四〇〇から八六〇〇にも。食用に輸入されたものが野生化、稲などに食害を及ぼしている。

みにくいかわいいこわいかわいい

スキニー・ギニア・ピッグ

ぼくの名前はスキニー・ギニア・ピッグ。突然変異で毛が抜けちゃったモルモットの一種さ。人間は「なんてみにくい動物だろう、でも毛がないから実験動物として最適だ」なんて言ってぼくらを大量生産したんだ。でも捨てる神あれば拾う神あり。こんなぼくらのことをかわいいって言ってくれる人がいて、ペットとしての道が開けたんだよ。こういうのを死中に活を求めるっていうのかな。それとも芸は身を助けるかな。どうして小動物がこんなしぶいことわざを知ってるのかな。

臆病で寂しがりの性格をもつ社会性動物

カナダで実験用モルモットが突然変異を起こして生まれた。
「無毛モルモット」とも呼ばれる。

今ではペットとしての地位ができたけれど、サルファマスタードガスを皮膚に噴射されて皮膚炎や浮腫を起こしたり、フロイント不完全アジュバントを皮下注射されたり、化学刺激物に対する接触過敏性反応を調べられたりするのがぼくらのほんらいのお仕事さ。

本当は、ぼくらだって野生でのびのび生きたいさ。でもこういう生い立ちだもん。腹くくりました。ペット道、極めたいと思います。そこの疲れたお父さん、寂しいＯＬのおねいさん、心安らぐスキニーはいかが？　小首、かしげちゃいますよ。うるうる目で見つめちゃいますよ。臭いだって少ないし、抜け毛もないし、神経質なお姑（しゅうとめ）さんがいても大丈夫。チワ公みたいな贅沢も言いません。それにしても人間てのはどうしてこうも癒されたいのかな。みんなみんな疲れた顔をしているね。まあ決めた道だから、癒して癒して癒しまくるけどね。

あ、そこの今にもネット自殺しそうなお嬢さん、ぼくをいかがでちゅか？　かわゆいでしゅよ。車輪だって回しちゃうですよー。ほーら、くるくるくるくるくるくるくるくる！　おえええええ。

［スキニー・ギニア・ピッグ］

体長10～15センチほど。齧歯目（げっしもく）テンジクネズミ科。無毛モルモットとも呼ばれる。南米原産。植物、昆虫などを食べる。寿命は七年ほど。雌の妊娠期間は六〇～八〇日で、二～四頭の子供を産む。カナダで実験用モルモットから突然変異でできたものがアメリカで生産された。性格は臆病。

去りゆく沼のヌシ

オオウナギ

沼や池に年古く棲むもの、それらは大抵「ヌシ」と呼ばれる。そしてこのヌシはオオウナギである確率が高いのではなかろうか。

日本産ウナギは、ニホンウナギとオオウナギの二種あるが、このオオウナギはウナギといえど、**体長2メートル、胴回り40センチ、体重20キロ**を超える化け物だ。手から滑らせて「おっとっと」などという真似はとてもできない大蛇のような代物で、日本や韓国では天然記念物にもなっている。近畿地方のある町では、側溝に棲み着いたオオウナ

側溝はまさにウナギの寝床

長崎県野母崎ではオオウナギの住む井戸が公開されている。
「蒲焼き百人前！」などとはしゃぐやつが必ずいるが、食用には向かない。

ギをご近所で世話しているという。

　ウナギ類は、遥かマリアナ諸島海域に旅をして産卵する降河回遊魚である。そこで生まれた、親とは似ても似つかぬ「レプトケファルス」と呼ばれる透明の葉のような不思議な幼生は、「シラスウナギ」と呼ばれる稚魚時代を経て成長、黒潮に乗って里に帰ると、急流も障害ものともせず河を遡る。「うなぎ上り」たる所以である。そして成魚となり、あるものはヌシに、またあるものは鰻丼やら鰻重になる。

　シラスウナギの主産地フランスでは、中国向け輸出が過熱、乱獲で漁獲高は激減した。環境問題など気にせず美食追求とはさすが食の大国と思いきや、彼らの目的はそのウナギを蒲焼きにして日本に輸出することだった。日本のウナギ消費量はケタはずれなのだ。

鰻業界では、鰻に感謝する「鰻供養」の日をもうけているという。情に厚い日本の職人ならではの風習だが、先進国の乱獲が続けば供養する鰻もいつか消えてしまうかもしれない。オオウナギも最近ではとんと見られなくなったという。ヌシは去ってしまったのだろうか。

［オオウナギ］

体長2メートルを超える。カエル、昆虫、水棲無脊椎動物などを餌とする。成魚は太平洋を下り、マリアナ諸島西方海域で浮遊性卵を放出、幼生はレプトケファルス（葉形幼生）段階を経て、成長しつつ黒潮に乗り北上、河口から遡上する。食用には向かない。寿命は二〇年とも言われる。

イヌ

遠吠えは聞こえない

「変な生き物とは何か?」と動物界に問えば、「イヌ」という答えが返ってくるのではなかろうか。タイリクオオカミという雄々しい先祖を持ちながら、四千年以上昔から人間などに正直かつ忠実に仕え、三〇〇種類にも品種改良された上、狩猟、牧羊から警報、捜査の役までこなし、挙げ句に海岸で飼い主とフリスビーをやるに至っては、多くの生物は外人肩すくめポーズでため息まじりに首を横に振るだろう。

現在は空前のペット犬ブームだという。社会がへたると、権威者や人

「人類最良の友」と言われるイヌ

イヌは家畜化された最も古い動物で、
日本では縄文時代から飼われていたという。

気者を褒めそやす一方、不人気者を吊るし上げ、ぶっ叩いて憂さを晴らしたくなるのが大衆心理というものだそうだが、そんな所業もやがては虚しい。愛が欲しいの癒しが欲しい。かくして愛らしい小型犬は高値で買われて「チャッピー」などと名づけられ「家族の一員です」となり、ブランド服を着せられアルバムに載るようになる。

だが「愛情」は「愛玩」である場合も多い。大きくなった、糞をする、鳴く、同棲相手がイヌ嫌いといったご家庭の事情で「家族」の多くは捨てられている。「いい人に拾われな、ネ」といって「自然に帰され」たイヌは、いい人の代わりに捕獲巡回車に拾われ、「動物管理センター」に送られる。そして何万頭にも及ぶこれらの「不要犬」は動物愛護法一八条、狂犬病予防法六条により、麻袋に詰められ、「ドリームボックス」

と呼ばれるガス室で殺処分される。

多くのイヌは、飼い主に再会することなくガス室で死を迎える。致死濃度に達した炭酸ガスで絶命する刹那(せつな)、この馬鹿がつくほど正直な動物の脳裏に浮かぶのは、飼い主の笑顔なのかもしれない。

［イヌ］
イヌの先祖は一万四千年ほど前に中東アジア地域で生まれたと考えられている。イヌ科の動物は三五種いるが、氷河期の終わり頃オオカミを人間が家畜化したという説もあり、ディンゴが飼いイヌの祖先という説もある。聴覚・嗅覚が鋭く、忍耐強く、適応能力が高い。

ツラで判断するな

シロワニ

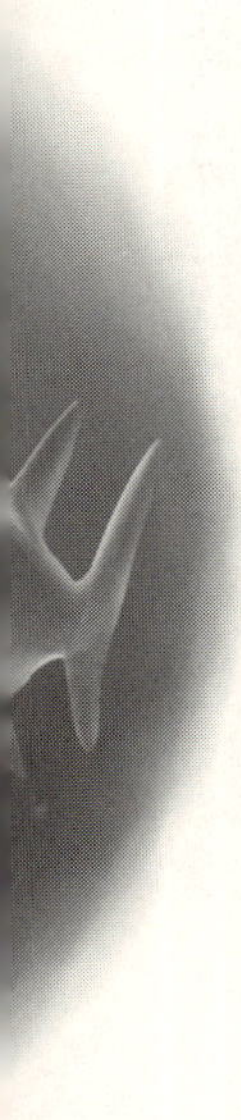

ワニと名づけどワニではない。サメの仲間である。

狂気を秘めたその瞳に巨大なる体軀（たいく）。顎には五寸釘を乱れ打ちしたかのような乱杭歯（らんぐいば）。雄は雌に噛みつき、雌は傷だらけとなりながら交尾、そして胎生の雌の腹の中では、一番先に孵化した胎児が、他の兄弟姉妹を**子宮内で共喰い**して成長する。

こう書くと、残忍非道な人喰いザメのようだが、**性格はいたって**

凶悪な面相だが性格は穏和

空気を呑んで胃に入れて浮力を保つ。ある学者が解剖中に
「子宮に噛まれた」ことから胎児の共喰いが確認された。

穏和、主な餌は甲殻類で人など襲わない。また好奇心が旺盛らしく、ダイバーに近寄ってきてしげしげと眺めたりもする。ある研究者はその様子から「巨大な仔イヌ」などとも呼んだ。しかしこの「仔イヌ」は、その凶悪なご面相から「危険種」のレッテルを貼られ、生息域のオーストラリア近海では漁師やスポーツダイバーに多数が殺された。

世界で三七〇種ほどいるサメのほとんどは2メートル以下の無害な存在だ。だが『ジョーズ』以降、『ジュラシックジョーズ』だの『ジョーズパニック』だのといったサメ映画は一〇〇万本も作られ「凶悪な敵」のイメージは定着、その誤解から殺戮されたサメの数も相当数になるだろう。もし輪廻転生(りんねてんしょう)が本当なら、S・スピルバーグ監督は来世に一頭のアシカとなり、ホホジロザメに八つ裂きにされるかもしれない。

個体数の急激な減少に、一九八四年にオーストラリア政府は保護種に認定、シロワニは法律で保護される最初のサメとなった。現在、オーストラリアにはシロワニと泳げるダイビングスポットがいくつかある。そこで潜れば「サメの海で泳いだぜ」という嘘偽りのない報告で男の株を急上昇させる事も可能だろう。実際はそれが仔イヌだとしても。

［シロワニ］
体長3・6メートルほど。軟骨魚綱ネズミザメ目オオワニザメ科。東太平洋、大西洋沿岸（南米、ブラジル南部、ウルグアイ、アルゼンチン）など温暖水域に広く分布。甲殻類や魚を餌とする。交尾は一〇〜一一月。胎生で、雌の二つの子宮内で胎児が共喰いをして育つ。仔ザメは1メートルほどに達する。

お釈迦さまと鳥のお話

ナンベイレンカク

ある日、お釈迦（しゃか）さまが睡蓮（すいれん）の上を歩いておりますと、雄のくせに卵を抱く鳥が蓮（はす）に浮いておりました。不思議に思い尋ねると、鳥は答えます。「はい、私どもは一妻多夫制の鳥類、妻が複数の夫を支配し**男ハレム**を築きます。妻は夫を取り替え、六五回交尾して卵を産みますが、その世話は夫らに丸投げなのです」。

お釈迦さまは首を傾げます。するとその卵はお前の子種ではないかもしれないね?

大きな足で体重を分散して睡蓮に浮く

危険が迫ると、雄は鳴いて自分よりひとまわり大きい雌に助けを求める。
多くの若い雄を従えれば、雌の繁殖成功率は高まるが、
その分ナワバリを奪われるリスクも。「ケッケッケッケッケッケッ」と鳴く。

「はい。でも本当の子も中にはいると信じています。他の夫たちも同じでしょう。どこかに自分の遺伝子が受け継がれているという希望があるからこそ、こんな生活にも甘んじていられるのです」。お釈迦さまは頷きました。ちょっと奇抜ですが、案外ここは平和な楽園かもしれません。

ああ、でもやはり自然界に楽園はないのです。妻が領地偵察で留守の間に、大きな雌が雄を誘惑しにやってきました。このハレムを奪おうと企むはぐれ者の雌です。でも卵をもつ雄はそんな気になりません。すると雌は雄を押しのけ、卵を嘴で割ると、こんにちは赤ちゃんをするばかりの、まだピヨとも言わぬ雛を卵から**ずるりと引きずり出し**、水曜の可燃ゴミより無造作に投げ捨ててしまいました。雄は羽を広げ弱々しく抗議しますが、雌は全く無視です。そして結局この雄は雌に強引に寄り切られ、交尾をさせられてしまいました。

一部始終をご覧になっていたお釈迦さまは、ああ、これが自然というものだ、この野放図さと浅ましさこそが生命というものの本質なのだと悟りました。そして、少しだけ悲しそうなお顔をなさると、蓮の葉の上を静かに去ってゆかれたということでございます。

［ナンベイレンカク］

アフリカ、南米など熱帯地方の淡水湿地に棲み、睡蓮の葉を巣とする。魚・昆虫などを餌とする。雌は大抵は一〜四羽の雄を従え、一回に四つの卵を産み、雄が雛の養育をする。より大きい雌がより多くの雄を所有する傾向にある。短い距離しか飛ばない。

凍る蛙に茹で蛙

ハイイロアマガエル

深い穴も掘れず、呼吸を止めて水底で眠る訳にもいかず、冬期には凍死する他ない状況に追い込まれる北米のハイイロアマガエルは、厳しい寒さを前にある覚悟を決める。**自らを凍らせて**しまうのだ。

無論、死を選んだわけではない。勝算があるのだ。ハイイロアマガエルは冬眠時に体内で作ったエチレングリコールを肝臓で高濃度のブドウ糖に分解、不凍液にして体内を循環させ氷の結晶化を阻止、細胞を保護する。カエルの水分のうち六五％は凍結してしまうが、内臓や血液は凍

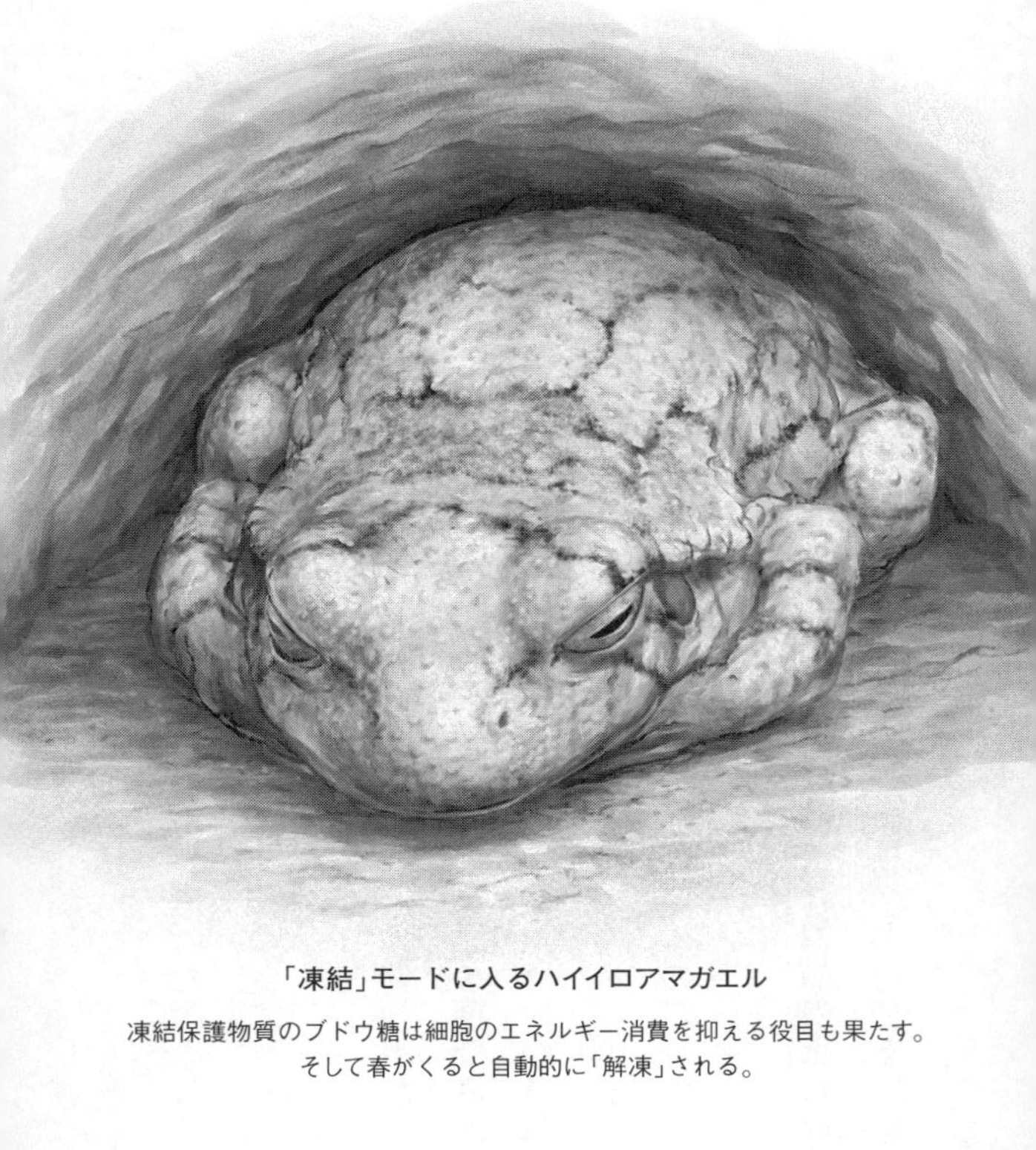

「凍結」モードに入るハイイロアマガエル

凍結保護物質のブドウ糖は細胞のエネルギー消費を抑える役目も果たす。
そして春がくると自動的に「解凍」される。

らない。自らを氷に閉じこめ逆に凍結から身を守るのだ。ぬるま湯の日常に思考も停止、決断も決定もできずボンヤリと日々過ごす「茹で蛙」には真似ができぬ、合理的かつ勇気のある決断だ。

この気高き覚悟を持ったカエルが、遺伝子組み換え作物用農薬の影響で急激に減少しているという報告がピッツバーグ大学の研究者からなされている。作物の遺伝子操作は、別に味を良くするためになされる訳ではない。化学除草剤を大量に使い収穫効率を上げるため、薬を被っても弱らないよう、作物に強力な除草剤耐性を与えているのだ。皮膚の敏感な両生類に対する農薬の影響は甚大だという。

この報告に対し、メーカーは、「この実験は当社製品の正しい適用法を反映しておらず云々」等の反論を行った。御用学者を使えば難しい事ではない。科学は金で買えるのだ。

これに対し研究者は再反論を行っている。しかしそんなやりとりが続くうちにも、ハイイロアマガエルの震える笛の音のような歌声は、日増しに細く弱くなっていく。

［ハイイロアマガエル］
体長6センチほど。北米東部、水の近くの森林に棲む。小昆虫などを餌とする。繁殖期は五月初旬から六月下旬。夜行性で、体色は温度によって変化する。オタマジャクシは浮遊植物などを食べ、三年で成熟する。岩、丸太の下で凍結保護物質により体の氷結を阻止して冬を越す。

ヒラムシ

御前交尾試合（おんまえこうびじあい）

殿。本日試合を行うは扁形動物（へんけいどうぶつ）のヒラムシ、交尾の際は互いに争い、己の**陰茎で相手の背や腹を刺し**、精子を強制注入いたさば勝ち、負ければ注入されし精子にて受精、産卵に及ぶという両性具有生物にございます。何。すると勝てば父、負ければ母になると申すか。御意。うむ、雌雄を決するとはまさにこの事。存分にいたせい。

お上の御前にて、得物を青眼にかまえ、一刀で受精させてくれぬとばかりの気迫をもってじりじりと間合いを詰めるは海牛新陰流（かいぎゅうしんかげりゅう）の猛者（もさ）、平（たいら）

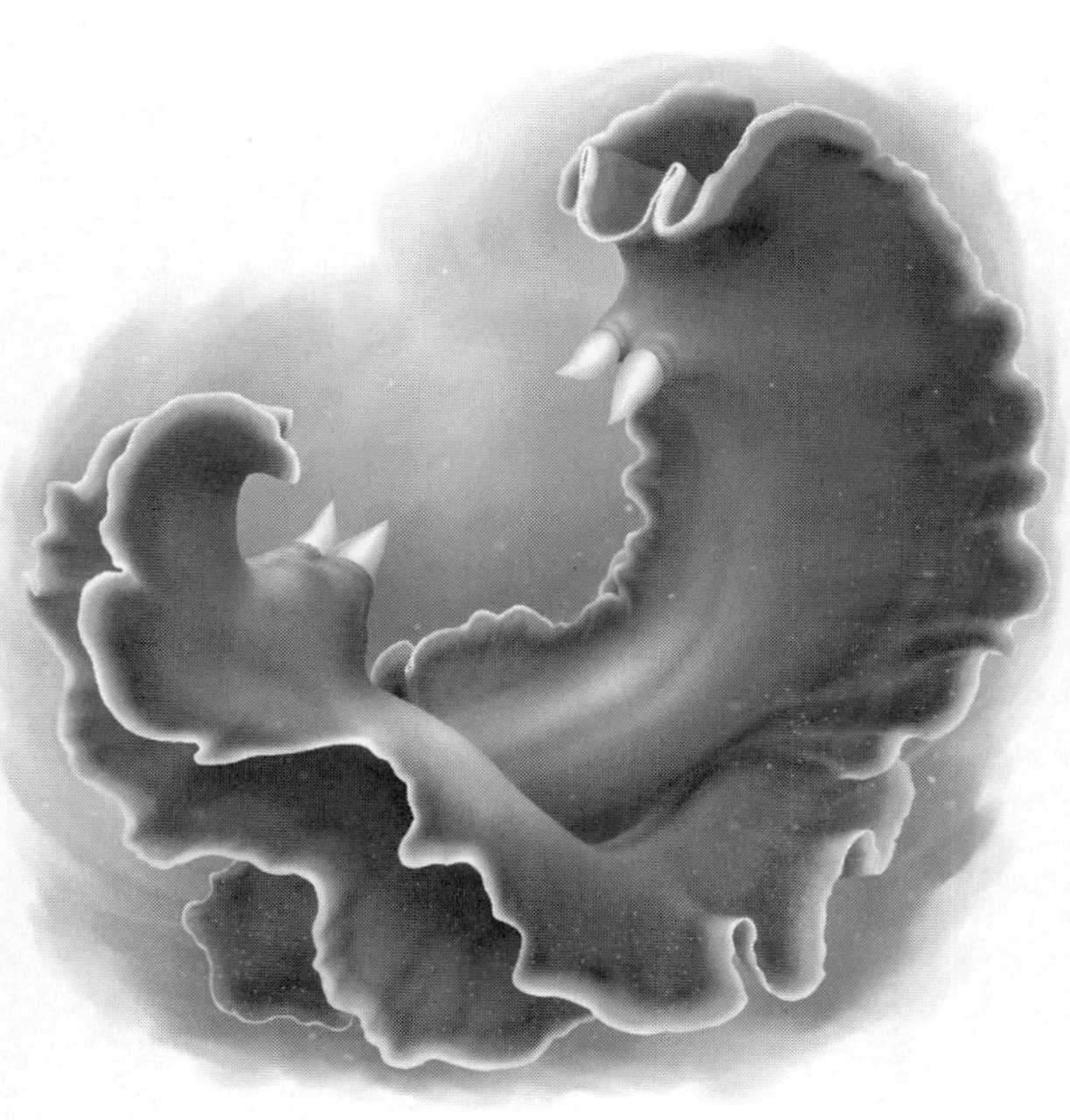

愛の戦いに敗者は傷つくも、24時間で完治

体の上部に2本あるのがペニス突起。相手の攻撃をかわす
「立ち上がり」行動をとることが多い。ペニス突起で精子注入する行動は
ニセツノヒラムシ科の仲間に見られるとの報告がある。

扁左右衛門。対するは二天一海流の遣い手、渦虫小太郎。

「参る」。言うが早いか扁左右衛門、裂帛の気合いと共に打ち込めば、まともに斬り結んだ者もなしと言われるその打ち太刀の容赦のなさ、哀れ小太郎一太刀で斬り伏せられるかと思いきや、旋風を巻きすらりとかわす。

　空に流れた太刀を一閃、つばめ返しに斬り上げれば小太郎その刃筋を避け、間合いをとるも剣尖を垂れ凝然と動かない。

扁左右衛門、苛立ちもあらわに猛然と三段突きを繰り出すが、小太郎その太刀筋を予見するかの如くしのぐ。その動きの静かなること月のごとし、小太郎剣禅一如の境に至り、相手が剣尖をわずか浮かせたその刹那、風のように舞い、凄絶の気迫で繰り出される太刀筋を悉くしのぐと、白刃の下をかいくぐり、転瞬の間に斬りつけ——刹那——、剣は扁左右衛門の胴を薙ぎ、精子を送っていた。

それまで。家老の声が飛ぶ。うぬ、小太郎。拙者の負けじゃ。うぬがごときに受精させられるとはこの扁左右衛門、一生の不覚じゃ。不覚だわ。不覚だわーん。やだ、卵産みたくなってきたわ。あなたの卵よ。いやんもう小太太ちゃんたらあ。ばかばかばかばかあ。

［ヒラムシ］
体長数センチ。扁形動物門渦虫綱ヒラムシ目（多岐腸目）に属するものの総称。インド洋、西太平洋の熱帯水域全域に分布。小規模の集団でいることが多い。稚貝などを餌とする。雌雄の生殖器官を持つ両性具有の生物で、交尾相手にペニス突起で精子を注入。幼生は透明、繊毛で泳ぐ。

海底の自縛霊

メガネウオ

「今週のお悩み」

結婚八年目の主婦です。先日伊豆にダイビングに行ったら、海底で恐ろしい顔の悪霊が舌を出して睨んでいるのを見ました。誰も信じてくれませんがそれ以来私は呪われているんです。悪いことばかり続くんです。長男は有名私立小学校の受験に失敗しました。主人の携帯メールから浮気が発覚しました。お隣のご主人が課長に出世しました。ストレスが溜まりお酒を飲んだら10キロ太りました。パチスロの負けもいまだに取り

砂に潜り顔だけを露出

その姿形から英語ではSTARGAZER（星を見る者）と呼ばれる。
しかしこんな形相で睨まれては、稲垣足穂的に言うならお星様も大迷惑であろう。

返せません。メールを出しても無視されます。ヴィトンを買ったらニセモノでした。姑の言うことはすべて嫌みかあてつけです。向かいの奥さんはイヌを使って私を監視しています。絶対悪霊の祟りに違いありません。海難事故で死んだ人の自縛霊が憑いているからお祓いが必要だと有名な霊能者に言われました。祈禱料三七万円、ローンも可だそうなのですが、やはりお願いすべきでしょうか。

東京都中野区　Lonly Nyanko　41歳

【お答え】

Lonly Nyankoさん。あなたが海底で見たものは、悪霊ではなく、スズキ目ミシマオコゼ科のメガネウオという魚です。砂に潜って顔を出し、舌状突起をゴカイのようにくねらせて小魚を誘って餌とします。**魚なので祟りません。**ダイビングでこんな魚を見られたことは、むしろあなたは幸運だったのです。あなたのお悩みはすべてあなたご自身が生みだしていることに気づくべきでしょう。憑き物を落とすより、生き物を愛でる心が今のあなたには必要です。

［メガネウオ］
全長30センチ。太平洋、インド洋西部、日本では本州中部以南、水深100メートル以浅の砂れきに生息。砂に潜り、舌状突起をくねらせて獲物の小魚を誘う。鋭い歯と、肩にあたる部分に毒棘を持つ。初夏から盛夏にかけてが産卵期。仔魚は全長1センチになると底生生活に移行。

こういうものはいません。

昆虫界の死ね死ね団

オオスズメバチ

我が国の、世界最強にして最凶の軍隊の存在をご存じだろうか。

旧日本軍と思う方もいるかもしれないが、違う。無論自衛隊でも、人気者の日光猿軍団でも人気取りの石原軍団でもない。世界最大種の蜂、オオスズメバチである。翼幅80ミリ、体長40ミリにも達し、地中のデス・スターの如き巨大な巣に一〇〇〇頭もの兵隊を抱え、昆虫界の切り裂きジャック、オオカマキリさえも襲って噛み砕き、肉団子にする。

獲物の少ない秋の「集団殺戮期」には、彼らは他のハチの巣を襲う。

「昆虫軍」の名にふさわしいオオスズメバチ

生きるための純粋無垢な殺戮に、大義などは一切ない。
刺傷事故での死者数も日本一、毎年マスコミを賑わすが、
人間を自発的に攻撃することはない。

要塞から飛び立った三〇頭ほどの機甲師団は、四万頭のセイヨウミツバチを二時間と経たず殲滅、**皆殺し**にする。ミツバチも果敢に反撃するが、オオスズメバチの体格は彼らの五倍。重戦車対ママチャリだ。一撃でミツバチは体を分断され、巣の下には死骸の山が築かれる。オオスズメバチはその死骸の山を掻き分け、ミツバチの幼虫や蛹（さなぎ）を容赦なく奪い去ると、でっぷりと太り、飢えに怒りも露わな幼虫に与えるのだ。

外来種のミツバチはこうして全滅するが、日本固有種のニホンミツバチは秘策を持つ。『七人の侍』の農民の如くスズメバチの斥候をわざと巣の中に誘うのだ。そして合図と共に一斉に襲撃、五〇〇頭ものハチが斥候をくるみ、布団虫状態の「蜂球（ほうきゅう）」を作ると内部に熱を放射、敵を**熱殺する**。偵察者を始末して、巣の存在をひた隠すのだ。

戦うミツバチの脳には「覚悟遺伝子」なるものが働き、攻撃性を高めていることが解明されている。無力な個が、集団で一斉に右にならって行動すれば、奇跡的事業を成し遂げてしまうという点で、我が国はヒトもハチも同じだが、ヒトの場合、皆が大勢に流され、訳もわからず行ってしまうのがハチと違う点だ。無論、覚悟などひとかけらだにない。

［オオスズメバチ］
コロニーは女王バチ、働きバチ、雄バチなどで構成される。昆虫類を捕食。女王バチは地中などに巣を作る。秋に雄と交尾、離巣し越冬した新女王バチは春に単独で巣作りをする。ミツバチの「熱殺」行動は玉川大学の小野正人教授が『ネイチャー』に発表した研究で世に知られることとなった。

神秘か物理的特性か

カーラ・スパイダー

「ギャンブルに勝つ！　イイ女をゲット！　幻の水晶護符が幸運を呼ぶ‼」といったベタな煽り文句の怪しい商品広告がよく雑誌に載っている。左手に札束の扇子、右手で水着美女の腰を抱いた男性が外車を脇に金歯で高笑いというこれまたベタなビジュアルは、広告制作者も大切な何かを投げ出していることを感じさせる。こういった広告の存在は、その煽りに乗せられ「喜びの声殺到の水晶護符・今なら携帯ポーチつき！」などの購入をつい分割払いでお申し込みしてしまう気の毒な人が

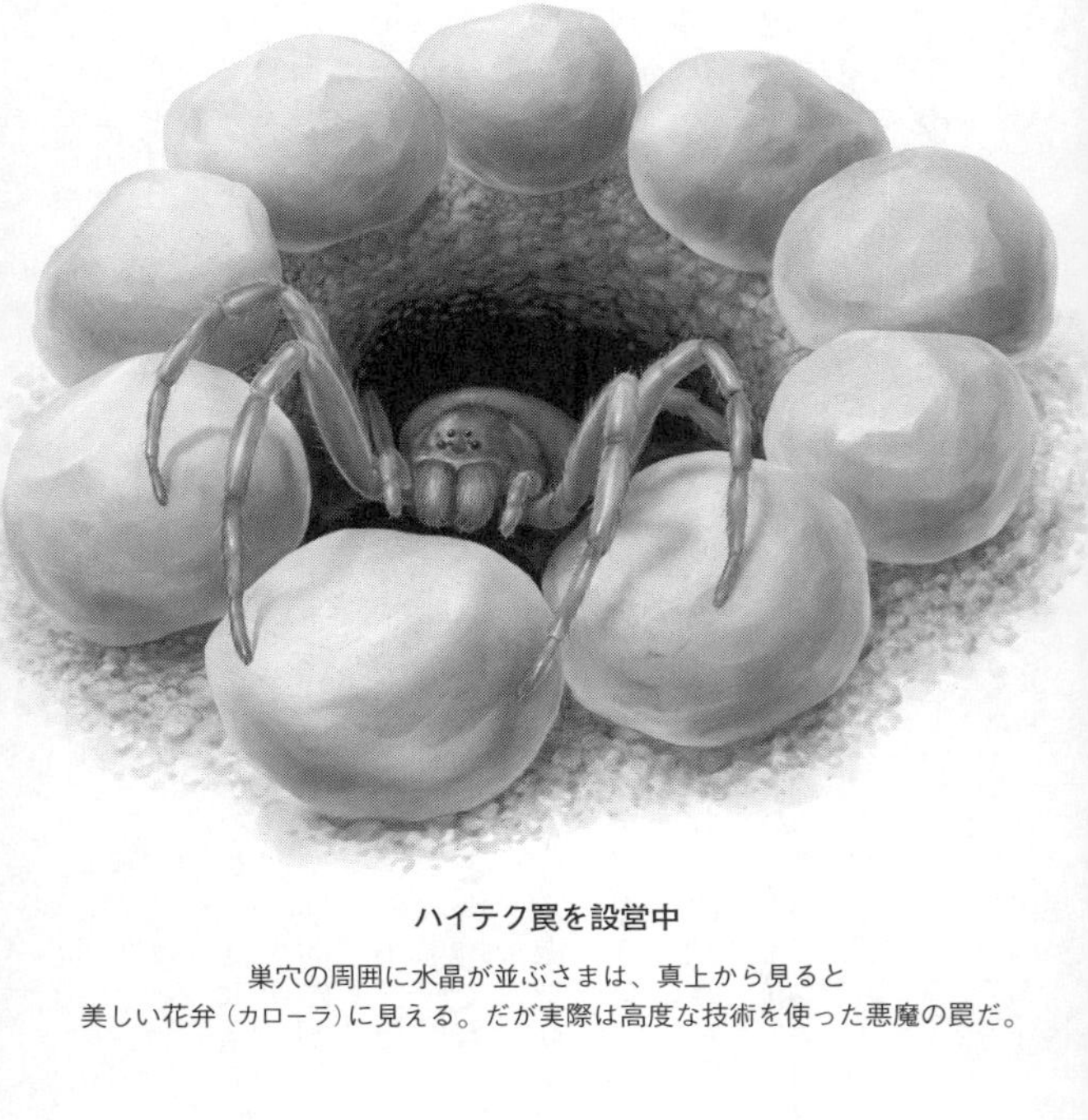

ハイテク罠を設営中

巣穴の周囲に水晶が並ぶさまは、真上から見ると
美しい花弁（カローラ）に見える。だが実際は高度な技術を使った悪魔の罠だ。

常に一定数存在することを示している。

アフリカのナミブ砂漠に棲むカローラ・スパイダーは水晶をもっと現実的に利用している。彼らはマンホール状の縦穴を地面に掘り、水晶の小石を運んできて、穴の周囲に花弁状に並べる。この小さなストーンサークルは、無論ＵＦＯを呼ぶ目印でも神と交信する祭壇でもない。水晶は砂漠の風や敵、そして獲物の微細な振動を探知するセンサーなのだ。クモは水晶から糸を張って身を隠しながら外界をスキャンする。

獲物が水晶に触れれば、糸を伝わる振動によりその動きを即座に探知、狙い違わず仕留めて、巣穴に引きずり込む。このクモは電子機器にも応用される水晶の振動特性といったものをも熟知している、道具を、しかも**ハイテクを使用する**クモなのだ。

この節足動物は、生き残るため高度なテクノロジーを、しかもこのような砂漠の過酷な環境下で開発した逞しい生物である。かたや万物の霊長たる人類の方は、ちょっとつらくなるとすぐ波動やら神秘やらクリスタルパワーやらにすがってしまうかよわい生物である。

［カローラ・スパイダー］
南アフリカ西海岸、ナミビアのナミブ砂漠に棲息するミヤグモの一種。風や砂の影響がある砂漠ではいわゆる「クモの巣」を張れないため、竪穴式の穴を掘り、水晶（石英）の振動伝達を利用した罠を作り、アリなど小昆虫の獲物を捕らえる。

群れる魚、群れるヒト

ハタタテカサゴ

魚は群れる。鳥も群れる。サルもイナゴもヘビも、群れる。

ハタタテカサゴは、こういった生物の群れたがる性質を利用して狩りをする。この魚の背びれは独自の生命を持つかのように不気味に、そして巧妙にその身をくねらせる。**背びれで小魚の物まね**をするのだ。そして安心して近づいた小魚を一気に丸呑みにしてしまう。

この魚も、ワニガメやチョウチンアンコウのように無害を装い獲物をおびき寄せる「攻撃擬態」タイプの生物だが、「餌」ではなく「仲間」

絶妙の背びれテクで小魚をおびき寄せる

前方の背びれの切れ込みは「口」、模様は「目玉」、そして中央の棘は「背びれ」。
この背びれが小魚そっくりに身をくねらせる様は、
滑稽でもあり不気味でもある。

を装う手口は非常に珍しい。自然界のニッチ産業といえる。

花に化けるランカマキリ。ヨシキリを騙し子育てをさせるカッコウ。毒ヘビを真似るキングヘビ。ホタルの明滅パターンを偽装、他種の雄をおびき寄せては喰い殺す雌ボタル。ジョロウグモから獲物をかすめとるイソウロウグモ。自然界は華麗かつ薄汚い騙しのテクニックに満ち溢れている。あるシステムができれば、それを欺き、利用する者が必ず現れるのは、自然の理といえるのかもしれない。彼らの世界にマキャベリズムという言葉は存在しない。それはあって当たり前のものだからだ。

魚は群れる。鳥も群れる。そして寂しさ故に、ヒトも群れる。

そしてヒトも生物の一種なら、この群れる性質の利用を企む者が現れるのもやはり自然の理かもしれない。ヒトの進化過程でも「騙し」の得意な個体が淘汰で生き残ってきた可能性もあるという。寂しさのあまり右往左往する小魚ちゃんたちが溢れる今の世は、それを食い物にする者にとってはさぞ生きやすい時代だろう。

［ハタタテカサゴ］

体長13センチほど。フサカサゴ科。太平洋、西インド洋に分布。体表を保護色で周囲に溶け込ませ、背びれを小魚のようにくねらせて獲物を誘う。水と一緒に吸い込むことで、瞬時に獲物を捕らえる。自分の体長の半分ほどの獲物も呑みこめる。背びれには毒をもつ。

オオサシガメ

血を吸うカメラ、血を吸うカメムシ

忍びよっては生き血をすすり、心筋症を起こす「シャーガス病」の病原体をも媒介する**吸血カメムシ**、オオサシガメは映画『血を吸うカメラ』の主人公と隠微(いんび)さの点では互角かもしれないが、その戦略は緻密で化学的狡知(こうち)にたけ、虫けらながら見事と呼ぶ他はない。

オオサシガメは、血液の凝固を阻害する「プロリキシン－S」という特殊なタンパク質を唾液腺で合成。血管を弛緩(しかん)させる作用をもつ化学物質、NO（一酸化窒素）をこれに結合させ、人間の血管に注入。二つの

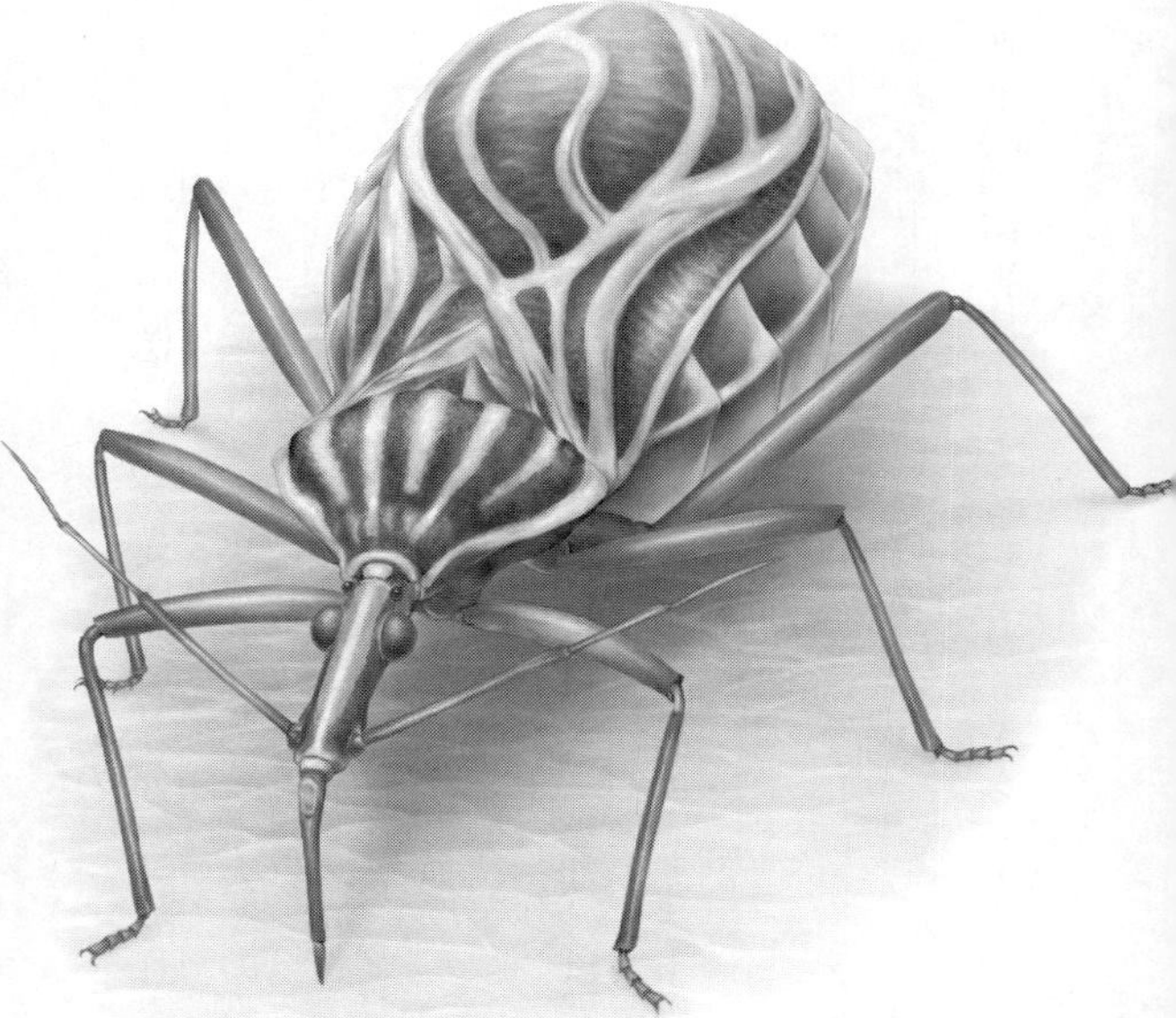

血を堪能したうえに風土病を媒介する吸血昆虫

夜行性で昼間は廃屋の土壁などに潜む。ＥＳＡ(欧州宇宙機関)は監視衛星の画像によりオオサシガメの巣と思われる廃屋を探索、風土病を根絶するプロジェクトを進めているという。

物質は、血液の温度・pHの状態により分離、それぞれ血液凝固阻止、血管弛緩という各々の機能を果たし始める。人間の高度に複雑化した止血機構を化学的とんちでだまくらかし、血管を広げ、血も固まらせず、サラサラ血液を一五分で300ミリグラムという、体が六倍にも膨れあがるほどの高効率で吸血する。

この頭痛が起きそうな化学的プロセスを聞けば、誰しも大きな疑問を持つだろう。何故こんな虫がこのような高度な化学戦略を備えているのだろう？　どのようにしてこの複雑なメカニズムは完成されたのだろう？　現在のネオダーウィニズム的進化論——突然変異と自然淘汰による適者生存——はこれを説明できるのだろうか？

血液凝固阻害作用をもつ「プロリキシン－S」を、血栓症などを抑える新薬剤の素材分子に応用する研究をされている三重大学医学部の鎮西康雄博士にこの素朴な疑問をぶつけてみた。一体このムシはどこでこんな技を会得したのでしょう？　博士の答えはこうである。

「それが解明できればノーベル賞の三つぐらいは貰えそうです」

［オオサシガメ］
体長3センチほど。不完全変態をする半翅目に属するサシガメ類の一種。中南米に生息。雄雌ともに、また幼虫（1〜5齢）も成虫も吸血する。唾液腺に血液凝固阻害、血管弛緩などの機能をもつ生理活性物質を含む。糞で風土病を媒介する。

モスラが見たら嘆きそう

ハワイアン・キラー芋虫

のろ臭くひ弱、という従来の芋虫(いもむし)のイメージを斬新に、そして非道に刷新する新種の芋虫が二〇〇五年七月にハワイで発見された。

この芋虫はたとえ餓死しかかっても葉っぱなどは喰わない。**カタツムリを襲って喰い殺す**。本来なら繭(まゆ)作りに平和利用すべきその糸でカタツムリを葉の上にがんじがらめに縛りつけ、殻に頭を突っ込んでその柔らかい肉を喰い尽くす。喰い終わった空き殻は、カモフラージュ用に自分のミノに縫いつけて再利用したりもする。合理的かつ酷薄なやり

1時間以上かけて入念にカタツムリを縛る

自分の「ミノ」でカタツムリを殻の奥に押しやり、
徹底的に退路を断つ。なお、「ハワイアン・キラー芋虫」
は本書の造語であり、うっかりよそで言うと恥をかくので注意されたい。

口だ。ハワイ島は、こんな芋虫が存在するほど多種多様な生物相、独自の生態系を有した特異な島なのだ。

幼虫が肉食なら、当然親虫も獲物の体液をすする恐怖の吸血蛾かと思えば、羽化するとおとなしい**フツーの蛾**になってしまうというから自然界とは、深い。生物学者は、ハワイにはこの他にも未知の生物が多く存在するだろうと語る。ハワイは人工のリゾートやビーチの奥にこのような生々しい野生が息づく場所なのだ。

エコツアーなどに参加し、精霊「マナ」が宿るという、こういった生の自然の営みに触れれば、それこそ本物の心の癒しになるかもしれない。

だが、昼は海だビキニだアロハオエ、人造ビーチでバカ騒ぎ。夜はラム酒をかっ喰らい、カラオケでやっぱりバカ騒ぎ、そして最終日に仕事のミスを思い出しぐったりのディナーショー付き三泊四日というのが多くのヴァカンスなるものの実態だ。我々は結局都市という殻に閉じこもり、日々の生活にがんじがらめに縛り付けられている存在なのだ。

［ハワイアン・キラー芋虫］
全長8ミリほど。鱗翅目カザリバガ科。Hyposmocoma molluscivora。鱗翅目の一五万種の記載種のうち〇・一三％が肉食であるが、ほとんどが柔らかい昆虫を餌とするもので、軟体動物を餌とする蛾の幼虫として公式に記載されたのは今回が初めて。正式な和名はまだない。

ヒメアルマジロ

装甲妖精（アーマード・フェアリー）

一九二〇年代、イギリスのコティングリー村で、二人の少女が妖精（フェアリー）と一緒に撮ったと称する写真を発表した。ホームズの生みの親、コナン・ドイルは何故かこの写真に執心、「妖精実在の証拠」として公開したが、後にこれはインチキであることが判明してしまった。

だが、妖精は実在するのだ。**手の平サイズ**の大きさで、実用にはおよそ不向きとも思われるような愛らしい**ピンク色の装甲板**と、長く艶（つや）やかな純白の和毛（にこげ）に覆われた、「妖精（フェアリー）アルマジロ」の異名をとるアル

アルマジロ類で最も小さい妖精

オオアルマジロ（75〜110センチ）などと比べると格段に小さい。
尾をあげることはできず、ひきずって歩く。
今までの最高飼育記録は４年。絶滅の危険が非常に高い。

ゼンチン産のヒメアルマジロは、その小鳥のような可憐さにおいては他のアルマジロ類の比ではなく、まさに妖精そのものといえよう。

この小さく、そして身持ちも堅い姫様は、普段はおっとりとしているが、いざ危険が迫ると日頃のたおやかさもかなぐり捨て、素早く地中に潜り、ビン底のようなお尻の装甲板で、穴の蓋をしっかりと閉めてしまう。お行儀は悪いが、「鎧を着た小さきもの」というスペイン語に由来する英名、「Armadillo」のとおりの、万全の防備だ。

しかし妖精とはやはりはかない存在だ。ヒメアルマジロはこの一〇年で個体数も五〇%にまで減少、近い将来絶滅する可能性が非常に高い種である。他のアルマジロの種も絶滅の危機にあるが、種の保存のための組織的努力も今のところなされていないという。

アルマジロの甲羅を使った「チャランゴ」なる南米のギターは、夕闇を震わすような哀愁の音色を奏でる。この生き物はその身をもって自身の運命を奏でているのかもしれない。

［ ヒメアルマジロ ］
体長8～12センチ。アルゼンチンの乾燥した草原などに棲む。昆虫、軟体動物、植物などを食べる雑食性。夜行性で単独行動をとる。動作は緩慢だが、危険を感じるとすぐ穴を掘って隠れる。アルマジロ類の中で最も小さい。

さよならへんないきものたち

絶滅恨み節

ゴリラ、ゾウ、チンパンジー、トラ、サイ、カバ、キリン、ダチョウ、ワニ、トド、そしてメダカ。名前を聞くと**「えっあの人が……」**というようなこれら有名どころの動物たちは、いずれも現在絶滅が危惧されている動物たちだ。今こうしている間にも、**二〇分に一種、一日に一五〇種、一年間に四万種**とも言われる猛烈な速度で、様々な動植物が絶滅しつつあると言われている。

地球上の生物は、過去何億年という歴史の中で五回も大量絶滅しており、これらを総称して**「絶滅のビッグファイブ」**と呼ぶ。

一回目は四億四〇〇〇万年前のオルドビス紀。この時は地球上の全生物の二五

%が絶滅した。

二回目は三億六五〇〇万年前のデボン紀。この時は一九%が絶滅。

三回目は二億二五〇〇万年前の二畳紀。この時は五四%が絶滅。

四回目は二億一〇〇〇万年前の三畳紀。二三%が絶滅。

そして五回目が六五〇〇万年前の白亜紀。この時は全生物のうちの一七%が絶滅したと言われる。我々がイメージするいわゆる「恐竜絶滅」の時代はこの白亜紀のことを指す。

そして現在は**「六回目の大量絶滅の時代」**と呼ばれている。
IUCN(国際自然保護連合)が毎年発行する「レッドリスト」の最新版(注1)によると、絶滅を危惧されている種は動植物併せて一万五〇〇〇種以上にのぼるとされる。九〇年以降の三〇年で全世界の五%から一五%の種が絶滅するという推測もあり、そしてその数は五〇万種から一五〇万種に達するという見方も

注1　2004年当時。

ある。気候の変動。巨大隕石の落下。大規模な火山活動。食物網の崩壊。過去の大量絶滅の原因は色々と考えられているが、どのような自然要因によるものか詳しくは解明されていない。だが現在の「大量絶滅」の原因は、はっきりしている。我々「ヒト」である。

ヒトは一万年も前の石器時代から、多くの動物を滅ぼしてきている。手オノや石ヤリに追われ、ケナガマンモス、ジャイアントバイソン、ホラアナグマ、そしてシカの先祖のメガロケロスや史上最大の有袋類ディプロトドンなど多くの古生物たちは絶滅した。

近代になってからその数はさらに増え、スピードも増した。

カロライナインコやアラビアダチョウは羽毛のアクセサリー目当て、ジョンブルクジカやオオツノヒツジはその巨大な角を居間に飾るため銃で乱獲され絶滅。

サンセイジカは森林を追われ、漢方薬の材料として乱獲され絶滅。バルバドスアライグマはペットとして、また毛皮が主要輸出品となったため、乱獲され絶滅。オオハワイミツスイというハワイ産の小鳥は、コーヒー栽培で森林が伐採され住みかをなくし、発見されてからわずか**八年で絶滅**。ニホンオオカミは明治の工業発達とともに生息地を失い絶滅、等等々、あげればキリがない。

人権という概念さえ昔はなかった、どころか現在でもあやふやなほどであるから、ましてや動物などに容赦もあるわけがなく、数え切れぬほどの生き物たちがヒトの生息域拡大に伴い、食料となり、服や装飾物となり、愛玩物となり、生息地をなくして絶滅していった。

現在はどうかというとやはり状況は変わらない。

ライオンは害獣扱いで猟銃で撃たれ、トラは森林伐採で生息地をなくした上にスポーツ狩猟で狩られ、ゾウは象牙、ウミガメはべっこう、サイやタツノオトシゴは漢方薬の材料として乱獲され絶滅の危機にあると言われる。ゴリラ、オランウーマン、チンパンジーは熱帯林の伐採で住みかをなくした上、**食肉目的**の密漁も後を絶たない。

コアラ、ナマケモノ、アイアイなども生息地を追われ絶滅が心配されている。この「生息地を追われ」という表現はよく使われるが、これは人間でいうといきなり立ち退きをくらい、食い物もなく住みかもなく、さまよったあげく行きだおれるか、見も知らぬ土地でオヤジ狩りにあって死ぬようなものだ。

地球温暖化も環境破壊もみなマスコミの煽り、動物資源などまだ充分にあると主張する人もいる。IWC（国際捕鯨委員会）や、強引な開発や土木事業に目には目をとばかりに実力行使に出るグリーンピースなどの活動に、疑問を持つ向きもあるだろう。では野生動物保護に関して正しい議論がなされているかといえば、どっこいそれは簡単に科学の枠を離れ、ナショナリスティックな感情論に落ちてしまいがちなのが現状だ。しかし、地球人口が七〇億を超え、多くの野生動物の減少が確認されている今、これらの問題は無視してよいものとはとても言えぬだろう。

我々は「滅びゆく大自然」という言葉にもすっかり不感症になってしまった。にもかかわらず「自然が好きですか」と問われれば、一〇人のうち一〇人が「好きです」と答えるだろう。「憎い……」と答える人はまずいない。

「この素晴らしい動物たちが滅びぬように願いをこめて……」

テレビの自然特集番組はラストにいつもこんなことを言う。だがちょっと斜に構えた人はこんな風に反論するかもしれない。

「生き物が滅ぶのは自然の摂理なんですよ。ほっときゃいいの。パンダやトキを無理矢理守ろうとするのは、自然じゃなくて不自然ですよ」

生命の歴史をひもとき、過去の地球上に存在した生物種を総計すると、ざっと五〇億から五〇〇億にも達するという。現時点で確認されている生物種数と比較すると、生き残ってきたのは一〇〇〇種に一種、これまでに九九・九％の生物が絶滅してきた計算となる。この数字だけでいうと、確かに絶滅は「自然」なことかもしれない。

化石記録などから、自然絶滅する種数を計算するとその数は年に平均一〇種。だが現在絶滅の危機にあるとされる種は一年間に四万種とも言われる。

その中でも、**哺乳類は四種に一種、鳥類は五種に一種**が絶滅の恐れがあるという。現在の絶滅は異常な速度で進行しており、いわゆる「自然の」絶滅からはほど遠い。自然要因による絶滅と人間の影響による大量絶滅は、同じ絶滅といっても天と地ほどに違うのだ。

となれば、なるほど野生動物の保護は必要に思えてくる。しかし何故だろうか。

美しく可愛い動物たちがいなくなるのは寂しいからだろうか。学問的に希少価値があるのでモッタイナイからだろうか。

「人間にとって無用な生き物は別に絶滅してもいいんじゃないの。牛や豚がいなくなると困るけど、ハエや蚊なんて絶滅してよくない？」

「生態系」は単に森や湖のことを指すのではない。

植物が光合成し、成長する。そしてそれを食う、または受粉を助けたり種子を運んだりする昆虫や動物がいる。そしてその動物を食う更に大きな動物がいる。動物同士が競争し、共生し、繁殖し、やがて死ねば、バクテリアや菌類が死骸を分解、土壌を豊かにし、木々は保水をし、酸素を生みだし、大地は水を浄化する。生態系とは、環境という舞台で生きとし生けるものたちが互いに織りなす綾錦、生物と環境とが密接に絡み合う複雑極まりない自然のネットワークのことである。

そしてこの生態系の要員である生物のバリエーションを**「生物多様性」**という。

人間はこれら多様な生物の織りなす生態系から、食料、燃料、医薬品、繊維、資材、最新のがん治療薬から飲み屋のお通しまで、**ありとあらゆるものを頂戴して**生きている。そしてこの生態系を構成する要員が多種多様な生き物たちだ。これらの生物がいなくなるのは、いわば飛んでいる飛行機の部品が一個ずつ外れていくようなものであり、人間が生物の要・不要を選別するというのは、プラモデルの部品を好き・嫌いで分けるようなものだ。

生物の保護が必要なのはパンダがかわゆいからではなく、生物多様性の維持が人間の生存にとって必要不可欠だからであり、その部品はすべて必要なのだ。

これまで、ヒトはその生態系の余剰生産物、つまり「利子」で暮らしてきた。だが、環境学者のレスター・ブラウン氏によると、現在ヒトはとうとう生態系の

「元本」にまで手をつけ始めてしまっているのだという。

しかし何者がそんなに過剰に自然から収奪し、生物を危機に陥れているというのだろうか。悪の大組織やら悪の枢軸国家がやっているのだろうか。

肉も野菜も牛乳も、シャツも薬も化粧品も、生態系からの頂き物であるという認識は我々にはあまりない。お近くの店に行きさえすればそれらは必ず並んでおり、どこから来たかはあまり考えない。そして当然、何をどれだけ買おうがまったく自由だ。

先進国はその経済活動維持のため膨大な量の食料、エネルギー、資材を消費し、分解不可能な膨大なゴミを排出している。日本では、残飯として捨てられる食品は年間**数百万トン**に及び、スーパーやコンビニの売れ残りだけでも六〇万トンに達する。人間の食料のほぼすべてが動植物、つまり生物であるなら、これらは天空にそそり立つ生き物の死体の山ともいえよう。東南アジアの熱帯雨林は伐採されオシャレ家具になり、タスマニアの原生林は一日にサッカー場四〇個分のペースで伐採、その八〇%が製紙原料として日本に（注2）、また伐採されたアラスカの原生林のうち四四%は日本に送られており、森林消滅で多くの生物がその生息地を奪われる。ネコちゃんの高級キャットフードのために魚は乱獲され、意味不明な公共事業は河川をコンクリで固め、珊瑚礁は埋め立てられて素敵なリゾート地になり、ダイナマイトを爆発させたり、海に毒薬を流し込む漁法で魚は捕られ、先進国の食卓へ送られる。刺激と欲望と情報は経済活動を加速させ、今や現代人は狩猟時代の人間の五〇倍のエネルギーを消費しているという。生き物たちを絶滅に追いやっている大きな要因のひとつは、我々の消費行動なのだ。

「すると何ですか。私が自然を破壊してるってんですか。冗談じゃない、うちはただただ普通に暮らしてるだけです。まっとうに生きてきたんです。うちが自然

注2　つまり環境問題を書籍で語ることには、矛盾を伴うわけである。

を破壊？　生き物を絶滅させてる？　そんなあなたねえ」

さよう、我々は環境を破壊などしたくはない。自然だって愛してやまない。週末はハイキングに行きます。連休は家族で潮干狩りなんですよ。森林浴って生き返るなあ。私が撮ったこの赤富士、絶景でしょう！

我々の多くは都市という保育器の中で暮らしており、自然はふるさとと同じく、遠くにありて思うもの、と認識している。自然は自分の生活とはかけ離れた、どこかよそにあるものであり、たまにそこへ出かけていっては「自然っていいなァ」などと呟き、英気を養う。人間も生物である以上、自然に生かされているわけだが、「人と自然」という言葉が示すように、我々は人間と自然は**別物と思っている**のだ。

そして自然を愛する我々は、都市へ戻るとせっせと消費をし、またその消費に応えるための企業活動に汗水垂らす。これは片方の手で自然を愛で、もう片方でぶっ叩いているようなものだ。

　自然破壊と聞くと、遠く離れたところで起きている何かタイヘンな事、といった漠とした印象しかないが、これは遠くの火事ではなく、我が家が気づかぬうちに地盤沈下で沈んでいってるようなものだ。我々は「自然破壊」と聞くと心を痛めはするものの、まさか自分がその原因だとは思いもよらない上に、まずもって生き物のことなどほとんど知らない。

　コバネアオイトトンボやコアジサシが絶滅寸前だと言われても我々はふーんと言い、そしてこう聞き返すだろう。

「で、コアジサシって何？　ムシ？」


日本は国土の六七％を森林が占める有数の森林国であり、その植生は回復も早く、季節は変化に富み、水資源も豊富。本来は豊かな自然に恵まれた国土といえよう。しかし自然の豊かさ故に我々は自然に無関心だった面があることも否めない。豊かな自然が恵みを「与えて」くれるのに慣れっこになってしまっているからだ。「海の幸、山の幸」は歓迎するが「幸」が実るプロセスはどうでもよい。また「湯水のごとく」という言葉が示すように、水も遠慮無く使い捨ててはばかりないものと考えている。これらが限界のある資源だという事に我々はなかなか思い至らない。

しかし、六〇年代の公害以降、我が国は環境問題に目覚め、一九七一年には環境庁（現環境省）も発足、環境行政のもと、現在は様々な環境問題への取り組みがなされ、省エネ、リサイクルなどの先進技術は今や世界でトップクラスである。

「じゃあ環境問題てのは行政や大企業にまかせておけばいいんじゃないですか。私らが別にすることなんて……」

行楽客が名物を食えば「舌鼓」、少年犯罪が起きれば「心の闇」、そして**行政の怠慢には「重い腰」**というのがマスコミの常套句だ。「〇〇県はようやくその重い腰をあげ、行政処分の検討に入り……」といった具合に「たらちね」と「母」のごとく、「重い腰」は行政の枕詞になっている。

　そして行政は事後処理に乗り出すのが常で、ヨーロッパのような予防原則に則った行動などは期待できない。長崎県諫早湾（いさはやわん）の干拓事業で、ノリ不作などの漁業被害の原因究明を漁業者らは求めていたが、公害等調整委員会は科学的データ不足を理由に申請を却下した。だが、もしこれらのデータが集まり、科学的証拠がそろった時点で工事を差し止めても、もはや手遅れなのだ。

　また、省庁再編すれども、お役所というところはキツネザルもびっくりの縄張り争いにいまだかまけているようなところだ。二〇〇五年、温暖化対策の一環として環境省は環境税の導入を税制改正に盛り込もうとしたが、経産省はこれに反対するよう、業界団体に内密にメールで指示していたことが明るみに出ている。環境税は結局、経産省と業界団体の猛反発を食らってあえなく沈没。これに対する経産相（当時）の中川昭一氏のコメントは「ちょっとやりすぎだった」という**アッサリ**したものだった。環境省のゆるキャラ「エコまるくん」もさぞ渋い顔をしたに違いない。環境省が旗を振っても誰もついてこず、ましてや妨害も当たり前の、自然界のごとき厳しさがお役所の世界なら、とてもお上頼みにはできまい。

二〇〇四年の参院選で、小泉首相（当時）の「人生いろいろ発言」などで追い風を得た民主党は多くの議席を獲得、自民党は敗退した。だが、その陰で中村敦夫氏率いる日本唯一の環境政党「みどりの会議」は九〇万票を獲得したにもかかわらず議席を失い、静かに消えていった。マスコミには「ミニ政党」などと十把（じっぱ）一絡（ひとから）げにされ、選挙戦も苦戦、代表の中村敦夫氏は、「砂漠に水を撒（ま）くようなものだった」と後に述懐した。諫早湾の例が示すように、我が国の国家事業は一旦スタートすると環境破壊の疑いが**あろうがなかろうが**、もはや後には引けない体制となっている。これに待ったをかけられるのは政治か司法だけなのだが、我々はその有効な手段のひとつを自ら捨ててしまったのだ。

では企業はどうか。

エコカー、ソーラーに環境素材。世界に冠たる日本の先進企業にはこの閉塞状況を一発逆転する、さらなるスーパー環境技術などを期待したいところだが、不況も響く上、重い負担となる環境設備などもできるなら避けたいところだろう。産業界は京都議定書の二酸化炭素排出削減目標達成にも「乾いたぞうきんを絞るようなもの」と難色を示している。ましてや多くの営利企業というのは利潤という餌に向かって一心不乱に突き進む巨大アメーバのようなものであるから、消費者動向がエコロジカルな方向へ向かない限り、この不定形の生物が自らみすみす損益を出すような方向へ進むはずもない。そしてこのアメーバの構成員の多くは我々自身なのだ。

こう書いてくると何だか居てもたってもいられなくなってくる。明日にも全生物が絶滅してしまいそうに思えてくる。大変だ。誰かに知らせねば。よし、とりあえずお隣だ。ドンドンドン！　すいません奥さん、ご存じですか、動物たちが絶滅しそうなんです！　今地球が、大変なんです！

すると細めに開いたドアの向こうからこう言われてしまうだろう。

「あの、うち、絶滅とかそういうのは間に合ってますんで……」

生態系、生物多様性の重要性は「理屈」でわかっても、なかなか「理解」には至らない。平成不況の中、選挙の争点も「環境」などはいつも低順位だ。「環境やってます」などというと、昔の左翼活動のような何だかマイナーな空気すら漂ってしまう。「君、カンキョーもいいがもう少し現実を見たらどうかね現実を」などとも言われてしまいそうだ。しかし「現実的」なる言葉は多くの場合、「上の者の言うことをよく聞き、面倒を起こすな」を意味する。

数十億の地球人全員がオーバーオールでも着て、穏やかに畑でも耕すという脱サラ後のペンションおやじのような生活形態に移行すれば地球さんとしては大助かりだろう。だが文明は不可逆的なもの、後戻りなどできっこない。車をエアコンをコンピュータを、今さら誰が捨てられようか？

こうした文明の利器を我々は意地でも手放さないが、しかし壊れても修理などはしない。「だって買い換えた方が得じゃん?」と、あっさり捨ててしまう。そしてそのゴミは土にも返らず、分解もされずやがて海に捨てられ、湾は埋め立てられ、干潟は消滅していく。

資本主義社会で生きる我々は、モノを買わないわけにはいかない。だがその中で我々が生態系保全のため、多くの生物の保護のためにできることは、欲望のまま無自覚に垂れ流し的消費をするのではなく、消費そのものに自覚的になるということではないだろうか。その品物の産地はどこか、乱獲された動物が使われているのではないか、ゴミや有毒物質を多量に出すのではないか。

こういったことに自覚的になるのは、昨今取りざたされている「食の安全性」にもつながることだろう。そして政治、行政というものが「公僕」として機能しているかどうか市民一人一人が常に厳しく監視することではないだろうか。

てなこと言ってても力んでも、ずっこけまる出しオヤ気がひけるときたもんだ。人間は、人種時代老若男女の別なく、常に自分の欲求を最優先に行動する生き物であり、まっとうな主張、高邁な思想を滔々と並べられても「えーまあそうねえ」などと言いつつ頭を掻くばかりだ。

オシャレのためなら毛皮も欲しい。グルメはやっぱりフカヒレスープ。気になるあの娘に「スキーに君もくる？」などと誘われれば、たとえそこが里地里山をぶっつぶし造成されたものであることがわかっていようとも「ウン行く行く！」などと答えてしまうのが哀しい男の性である。上司にゴルフに誘われれば、たとえそこが環境アセスメントも何のその、リゾート法を楯にとり田畑森林ぶっつぶし、化学農薬シュラシュシュシュ、芝生もぴっちりキレイに植えてハイ緑です自然ですといった、カエルや小鳥の自縛霊が満員電車のごとくひしめく広大な墓苑であるとわかっていたとしても「ええ行きます行きます！」と二つ返事でついていく。

そして我が国には「接待ゴルフ」なるビジネス上の奇習が未だに残っており、

「いやーアイアンのパターは5番でグリーンがウッドだねえ君」

「やっぱりダウンスイングがキャリーでバーディですよね、部長！」（注3）

などというわけのわからぬ会話をしつつ、さらなるリゾート開発の商談がまとまったりするのだろう。

思うがままに獲り尽くせばいずれなくなるのは子供でもわかる。単なる開発や収穫でなく、生態系の健康性を維持しつつ利益を得ていくという**「持続可能性」**が重要である、と現在は言われている。生態系を管理・維持して未来にその資産を残せるようにしつつ、持続的に生態系からの恵みを頂戴していこうというわけだ。

また我が国では歴史が浅いが、行政と連携した環境ＮＧＯの活動などにも期待

注3　ゴルフのことをまったく知らないのでイメージで書いてみた。

が寄せられている。いずれにせよ今、この時点で何か抜本的な対策がないと人類の未来は先細りになる一方だろう。二〇七五年には地球上のすべての緑は消滅、また今から一〇〇年後には黒潮の流れに変化が起き気候も変動、米も不作となり、食卓にのぼる魚も獲れなくなる、という**お先真っ暗**なコンピュータ予測もあるほどだ。

「でも俺その頃もう死んでるもんねー」

今時の小学校低学年でも言わぬようなこういう台詞を吐くいいオトナがいるのは、現在の我が国の文化水準を考えるとまあ仕方がないのかもしれない。

我々の世代でいきなり世界は破滅しないだろう。だが、我々の子供たちは生き地獄をみることになるかもしれない。

しかし昨今は環境問題以前に、ヒト同士の争いで地球は自滅してしまいそうな勢いである。

我々は「宇宙船地球号」とかいう船に乗り合わせているらしいが、この船の乗客は足を踏んだの踏まないの、席を取ったの取らないのと出航以来ゴタゴタばかり起こしており、近年に至っては、船内暴動の様相すら呈してきている。

人類はこの船では一等船客を自認しているかもしれないが、正義やら信念やらに凝り固まり、にっくき隣の船室の奴らに目にもの見せてやれと拳を振り上げ熱狂するその姿は、ウホウホな原始人とさして変わりがない。

「人の立場になってよく考えなさい」と昔は母ちゃんによく怒られたものだが、この他者への配慮、他者への想像力という人間の徳を失ったら、人間など知力が高いというだけのケモノに過ぎない。

そしてこのままさらにゴタゴタがエスカレートすれば、環境云々という前に、この地球号という宇宙船は幽霊船となりかねない。

環境技術についてだけはトップレベルと言われる我が国ではあるが、『江戸時代にみる日本型環境保全の源流』（農山漁村文化協会編）によると、実は江戸という都市ではすでに環境に配慮した循環型経済システムを構築していたという歴史がある。

江戸は当時人口一二〇万人、世界最大の都市であったが、今でも夢の島を膨張させ続けている東京とはまったく違う。

木を切り倒さず紙は枝から精製、反古紙(ほごがみ)はくず屋がすべて回収、漉(す)き返して再生紙として利用。また灰や酒粕から人髪に至るあらゆる有機物が回収され農村へ肥料として送られていた。

糞尿に至ってはこれを扱う専門業者がおり、商品として流通させていた。そのため江戸の町はゴミの排出も少なく大変清潔で、川は澄み、魚は泳ぎ、鳥は群れ、夏には花火に船遊び、園地（公園）には行楽客が訪れ、ヒトと自然と生物が一体となった都市空間を形成していたという。徳川幕府は街道や港湾といった初期のインフラ整備を終えた後は過剰な土地開発を制限、日本の自然を荒廃させることなく守ってきたのだ。

かたやヨーロッパの各都市は、下水はあれど便所はなく、糞尿をそのあたりに**適当に捨てる**のが常だったため都市は不潔で悪臭に満ち、汚水はすべて河川に流れ込み、ロンドンのテームズ川では大悪臭でパニックまで起きたという。またパリで香水が発達したのは悪臭をごまかすためでもあったという。ベルばらの時代はさぞ臭かったのだろう。

日本人は昔、おそらく意識してはいなかっただろうが、環境と経済を両立させたシステムを構築していた。戦後の高度成長からバブル崩壊、現在の経済低迷で我々は何かを見失っているが、そもそもこういう知恵は日本人にあったのだ。

中国は現在、各地で砂漠化が深刻な問題となっている。毛沢東の「大躍進政策」の強引な農地化で砂漠化した土地のひとつ、内モンゴル自治区「クブチ砂漠」は、日本の民間団体、NPOなどが植林を続け緑化に成功、今や一大観光地となった。その収益はさらなる緑化にあてられるという。「緑の親指」とは植物を上手に育てる人の才能を指す言葉だが、現代でも、日本人は緑の親指を完全に失ったわけではない。

原始時代に誕生したたった一個の細胞から現在の多様な生物が生まれたのなら、地球の生物はすべて同胞といえる。みんなみんな生きているんだともだちなーんーだ♪　というアホ臭い歌も、まったくもって**真実**なのだ。

しかしこれまで仲良く喰い合ったり助け合ったりしてきたおともだちたちは、凄まじいスピードで姿を消しつつある。

本書、そして前作の『へんないきもの』でご紹介した、ウバザメ、ハリモグラ、コアリクイ、ワニガメ、プレーリードッグ、アイアイ、ブチクスクス、シュモクザメ、ツバサゴカイ、ラッコ、オオウナギ、ハイイロアマガエル、ヒメアルマジロ、ツチブタ、インドリ・インドリ……などのおかしな連中は、いずれも絶滅が危ぶまれている動物だ。

もし我々がこのまま何も考えず、娯楽と快適さを追い求め、無自覚な大量消費を続けるのなら、そう遠くない将来、こういった連中も姿を消すだろう。

彼らに「さよなら」はおこがましくて、とても言えない。

ホウネンエビ

小さな小さな小さな希望

昔、「シーモンキー」という小さな水生生物の飼育が流行したことがある。大抵母ちゃんが掃除の際に容器を蹴倒して全滅させてしまい、正体不明のままに終わるのが常の、謎の生物であった。

シーモンキーは「ブラインシュリンプ」という米国の塩水湖に棲む小さな甲殻類の一種で、淡水に棲む日本のホウネンエビはその近縁種である。初夏の水田に一斉に現れたかと思うと一斉に消え、豊作を予言するとも言われてきた。孵化から短期間で成熟、交尾して、乾燥や温度変化

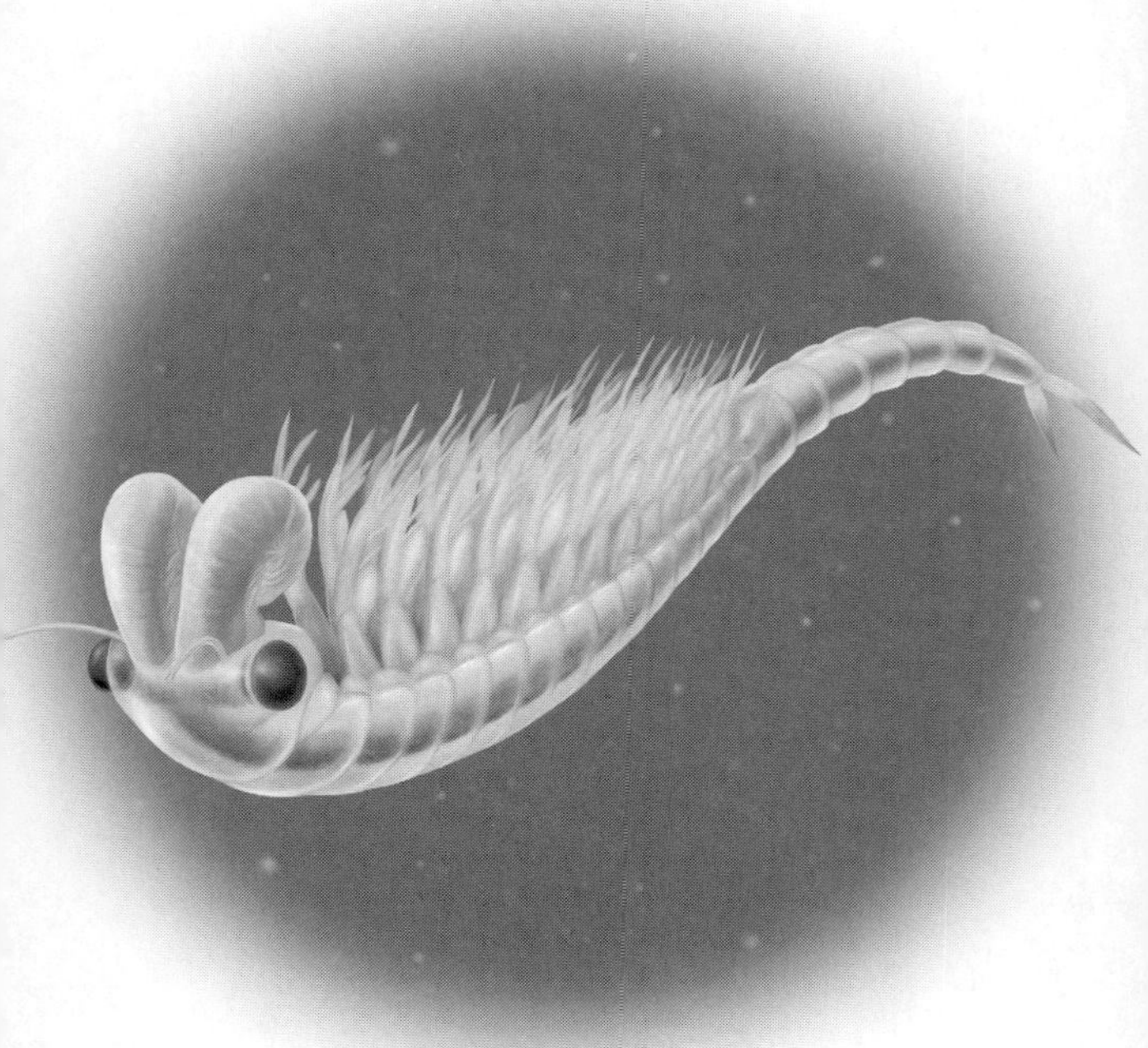

腹を上に向け、優雅に泳ぐホウネンエビ

減農薬などのせいか近年はその姿が再び見られるようになった。
だが減農薬イコール安全な作物、と断定するのは
早計という生産者の声もある。

に耐える耐久卵を産み、そのごく短い生涯を終える。

　水質に極めて敏感な彼らは、戦後の農薬一辺倒の農業の影響か姿を消し、絶滅したかと思われていたが、近年の農薬取締法改正や、農業の状況が農薬偏重から天敵なども組み入れた総合防除に移り変わってきた結果か、近年その姿が各地の水田で確認されるようになった。菜の花を田に鋤きこんだり、特殊な「除草下駄」を使用したりといった無農薬除草法の試みも一定の効果を確認されているといい、ホウネンエビはこれから増えていく可能性もある。これは環境破壊が叫ばれる状況に、小さくとも明るい光を投げかける一つの例かもしれない。

　ホウネンエビやブラインシュリンプを含む甲殻綱無甲目の仲間は、原始時代の特徴をそのまま残していると言われ、ブラインシュリンプのある種が産む耐久卵は、**一万年を経ても孵化**することが放射性炭素測定でわかったという。つまり、今生まれた彼らの卵は、環境さえ整えば一万年後の世界に誕生することもできるわけだ。

一万年後、日本人は、そして人類は果たしてどうなっているだろうか。

［ホウネンエビ］
体長1・5～2センチほど。初夏に水質の良い水田に現れ、産卵を終えるとひと月ほどで姿を消す。渦巻き状に群泳する性質がある。雄は雌を触角で固定して交尾する。卵は土中で乾燥、低温などに耐えながら休眠し、水質が適した状態になると孵化する。

文庫版のためのあとがき

「へんないきもの、子どもの頃愛読してました！」

読者の方からこんな風に言われることがある。最初は意味がわからなかった。「へんないきもの」シリーズを書いたのは、主観的にはせいぜい数年前の事だったからだ。しかし実際にはもう十年以上の月日が経ち、当時の少年少女はもう立派な青年になっているのである。

月日は百代の過客にして、行かふ年も又旅人というが、その足の速さは年々加速していくようだ。このままいけば旅人はやがて音速を超え、その後塵をただ呆然と眺めやるだけになるかもしれない。年をとるとはそういうことなのだろう。

しかし月日が経っても、本書で書いたような生態系の問題は改善されないどころか、ますます深刻になっていくようである。

ツキノワグマが九州地方で絶滅したと報じられたのはまだ記憶に新しい。海水温の上昇により北極の海氷はどんどん小さくなり、ただでさえ絶滅の危機にあるホッキョクグマの生存が、さらに生存の危うさを増しているという。クマのキャラクターが愛される一方で、現実のクマは死地に追いやられている。

大規模な珊瑚の白化、干潟や藻場の消失など、海の問題も難しくなる一方だ。日本の漁獲量は乱獲などで減少の一途をたどっているそうだが、逆にアジア各国の漁獲高は急増、水産庁からは「このままなら太平洋の水産資源は枯渇する」との声も上がっているという。回転寿司の看板を見る度に不安な気分になってくる。

『へんないきもの』が出版されてから、これまで日陰者だったグロテスクな生物たちも、にわかに市民権を得たようだ。『へんないきもの』を模倣した『へんな○○』といった本もにわかに増え始めた。大きな動物がいればそれに擬態する生物や寄生虫が出てくるのは当然なので、別に驚くような話ではない。テレビでも、かの本を露骨になぞったような番組が色々と放映されたようだ。

しかし私は『カッコいいほとけ』なる本を書いてから、すっかり菩薩と化したので、もはやこんな事に怒ったりなぞはしない。この手の番組の関係者全員、家族もろとも無惨な死を遂げ、その屍はシデムシどもに食い荒らされ、白骨秋霜に晒されるがよい、などというひどい事はまったく、全然、これっぽっちも思ったりしないのでどうぞご安心いただきたい。本当に全く思ってないんですよ。ええ。

まあしかし、大方の人は「こういうものの元祖は『へんないきもの』だよね」という風に認識してくれているようなので、著者としてはそれで満足である。さらに言えば、出版社には申し訳ないが、多くの人の生物への知識が増し、生物の多様性が維持され、へんないきものがちっともへんでなくなり、本書のような書籍の商品価値がなくなっていくことが、著者の望みである。自分で自分の言葉に惚れ惚れしてしまった。

あとがき不要論者の星新一氏は、あとがきを書けと言われて「あとがき」という題名の短編を本の末尾にくわえた。私もそんな洒落た真似がしたいと思ったのだが「あとがき」という名前の生物はいくら調べてもいなかったので、こうして駄文をつらねてお茶を濁している次第だ。最近は何事にも妥協する事が多くなった。年をとるとはそういうことなのだろう。

二〇一四年　一月　早川いくを

解説

枡野浩一

まず『へんないきもの』という題名が発明だったと思う。

ビリー・ホリデイのレパートリーとして有名な曲『奇妙な果実』の原題は「Strange Fruit」。内田春菊に『ヘンなくだもの』という漫画作品集があるが、それが「Strange Fruit」の和訳であるということに長いあいだ気づかなかった。たしか呉智英（くれともふさ）が内田春菊との対談の中でそのことを指摘しており、ほとんど指摘されたことがないと内田自身も認めていた。同じ意味あいの題名でも、単語の選び方で印象がこれほど変わってしまう。

ベストセラー『へんないきもの』は、書名が『奇妙な生物』だったら売れなかったし、そもそも『へんないきもの』という書名でなければ成立しない一冊だった。

だいたい「いきもの」とは大きく出たものである。昆虫だとか、甲殻類だとか、哺乳類だとか、そういう細かな区分はここには出てこない。なんでもあり。著者が「へん」と思った「いきもの」なら、思いつくまま紹介してしまおうという自由すぎる発想は、この題名でなければ一冊にまとまらなかっただろう。

単行本『へんないきもの』は二〇〇四年八月、チャレンジングな企画で知られる出版社（バジリコ株式会社）から刊行された。シンプルに見えるようにつくられているが、よくよく見ると、いろいろなところが「奇妙」だ。

まず、絵がモノクロ印刷である。いきもの図鑑のように、カラー印刷にしなければならないのではないかということは、企画の段階で必ず議論されたはずだ。しかし予算の都合もあったのか、絵を担当した寺西晃氏の事情なのか、モノクロ印刷で刊行され、そして売れた。つまり本書の本質は図鑑というより、むしろ読み物だったということに気づかなくてはなるまい。もちろん絵も重要であり、ラフなイラストではなく細密画である必要があった。

カゴメというメーカーがリアルな犀（さい）の絵を缶にあしらったサイダーを出していた。

「犀だー」という駄洒落（だじゃれ）を意識しているに決まっているのだけれども、あくまで真顔の、リアルな絵であることに特別な意味がある。ここはサンリオ的なキャラクターの犀ではだめなのだ、というセンス。

それと同様のセンスが『へんないきもの』にも貫かれている。細密な生物の絵のそばに、それと関係あるような、関係ないようなラクガキめいた人物画が添えられているページが時々あるが、そのラクガキもまた細密であるということに注目したい。かように、すみずみまで真顔の冗談でまぶされているにもかかわらず、いきものそのものに関する情報はあくまで事実が書かれているという執筆方針も、新しかった。

チャレンジングな企画で知られる出版社（バジリコ株式会社ではない別の会社）から刊行された知人の本が、新潮文庫になったことがある。新潮社は「校閲」（原稿に事実のまちがいがないか、政治的に正しくないことが書かれていないか、などをチェックする部署）が特に優秀なことで知られている。知人の本は単行本の時点でのまちがいが大量に発見され、「よく騒ぎにならなかったものだ」と知人はぼやいていた（これは事実ですが、各方面に迷惑がかかるので、知人の名前も書名も伏せさせていただきます）。

奇しくも『へんないきもの』は新潮文庫で文庫化された。新潮社の校閲をくぐりぬけた、新潮文庫お墨付きの「事実」が書かれていたというわけだ。事実でない部分は、冗談であることがわかるような語尾になっている。そのさじ加減。あるようでなかった独自の執筆方針だと思う。

シリーズ第二弾にあたる『またまたへんないきもの』は幻冬舎文庫で文庫化されるという。幻冬舎の校閲は、同書の「事実」をいったいどのように評価するだろうか。

そういえば『鼻行類』『平行植物』『アフターマン』という、「生物系三大奇書」と呼ばれる本がある。これからそれらの本を手にとる方にはネタバレになってしまうので言葉を濁しますが、この三冊には必ずしも事実が書かれているわけではない。

一見すると「生物系三大奇書」の流れに入りそうなのに、『へんないきもの』シリーズには事実しか書かれていない。生物のあれこれを、人間の営みにたとえたりはしているけれども、それはあくまでたとえ話ですし、冗談ですと、著者がものすごく意識していることがありありとわかる。まじめすぎるくらいだ。

そこは好き嫌いが分かれる態度だろう。『へんないきもの』がベストセラーになったあと、コラム連載の充実した某テレビ情報誌で、笑いのセンスに定評のあるミュージシャンが、同書を悪く言っているのを見たことがある。詳しい文面は忘れてしまったが、同書の文章には「ゆうもあ」があり、それが鼻につく、といった主張だった。むろん同書のユーモアを支持する人が多かったためベストセラーがうまれたのであり、そのことが笑いのセンスに定評あるミュージシャンをよりいっそう苛立たせたのだろう。

結論めいたことを言うなら、『へんないきもの』は図鑑のようなビジュアルをあしらった、ユーモアのセンスで勝負したコラム集なのである。センスで勝負するとき、そこには好き嫌いが生じる。図鑑にだってセンスのいい図鑑と悪い図鑑はあるはずだが、それ以上に極私的なこだわりで出来ているのがこのシリーズだ。

あらゆる「へんないきもの」を知っていくと、結局は人間こそが最も「へんないきもの」であるという感慨にたどりつくが、著者自身が基本そういう感慨を持ちながらこのシリーズを書き上げたにちがいないと確信している。

そうでなければ『またまたへんないきもの』に「イヌ」という、身近すぎる生物の項目をあえて立てたりはしなかっただろう。

子供のころから「幻のいきもの」とされているツチノコよりも、実在するヘビのほうが、よほどへんないきものなのではないか」と思い続けてきた私は、それゆえ著者・早川いくを氏の、宇宙人のような（「フェア」な）まなざしに共感を覚えずにはいられない。

ちなみに先ほど書いた犀のサイダーの存在は、私の書き手としての歩みを大きく変えた90年代のインディーズ誌「BD」のコラム記事で知った。無名時代のおかざき真里から吉田豪までが誌面に関わり、スチャダラパーや電気グルーヴの面々に愛読されていた「BD」は、キャッチフレーズが《脳ミソのシワから金玉のシワまで》。世界一「フェア」で、かつ、世界一「極私的」な雑誌だった。

こじままさき氏（有野陽一著、株式会社アスペクト刊『エロの「デザインの現場」』参照）が一人で編集とデザインを担当し、こじま氏の独断ですべての記事が用意されていた（それどころか記事の八割方をこじま氏自身が書いていた）「BD」では、紙の束をデザインするセンスがなによりも大切にされていた。面識はないけれども早川いくを氏と私が、ともに同誌の常連寄稿者だったことは、偶然ではない。

——歌人・芸人

この作品は二〇〇五年十二月バジリコより刊行されたものです。

幻冬舎文庫

●最新刊
もういちど生まれる
朝井リョウ

バイトを次々と替える翔多。美人の姉が大嫌いな双子の妹・梢。才能に限界を感じながらもダンスを続ける遥。若者だけが感受できる世界の輝きに満ちた、背中を押される爽快な青春小説。

●最新刊
ねえ、委員長
市川拓司

学級委員長のわたしは、落ちこぼれの鹿山くんと親しくなる。わたしが薦めた小説は彼の人生を変えるが、二人の恋は実らなかった——。表題作ほか二作を収録。純度１００％の傑作恋愛小説集。

●最新刊
超凡思考
岩瀬大輔
伊藤　真

いかに目標を設定し、時間を上手く使い、情報を自分のものにし、他者に伝えていくか。「当たり前」を愚直にやり抜き、平凡を非凡に変える方法を提示する、大人のための参考書［永久保存版］。

●最新刊
女盛りは意地悪盛り
内館牧子

心なんぞは顔の悪い女が磨くものだ、と言い放つ直球勝負の著者は、平等を錦の御旗とした時代を顧みて何を思ったか。時に膝を打ち時に笑わせる、男盛り、女盛りを豊かにするエッセイ五十編！

●最新刊
彼女の倖せを祈れない
浦賀和宏

ライターの銀次郎の同業者、青葉が殺された。青葉が特ダネを追っていたことを知った銀次郎はそのネタを探り始めるのだが——。読み終わると、体と心が震えること確実のエンタメミステリ！

幻冬舎文庫

●最新刊
55歳からのハローライフ
村上　龍

離婚したものの、経済的困難から結婚相談所で男たちに出会う女……。みんな溜め息をついて生きている。人生をやり直したい人々に寄り添う「再出発」の物語。感動を巻き起こしたベストセラー！

●最新刊
ここは退屈迎えに来て
山内マリコ

そばにいても離れていても、私の心はいつも君を呼んでいる——。ありふれた地方都市で青春を過ごす、8人の女の子。居場所を探す繊細な心模様を、クールな筆致で鮮やかに描いた傑作連作小説。

●最新刊
世界一周デート
魅惑のヨーロッパ・北中南米編
吉田友和　松岡絵里

新婚旅行としての世界一周旅行はヨーロッパを経てアメリカ大陸へ。夫がイタリアから緊急帰国!?アメリカ横断、キューバで音楽に酔い、ブラジルで涙。単行本未収録エピソードも多数公開！

●幻冬舎アウトロー文庫
旭龍
沖縄ヤクザ統一への軌跡——富永清・伝
山平重樹

戦後から近年まで、多数の死傷者を出し、血で血を洗う抗争を繰り広げた沖縄ヤクザは、半世紀の時を経て、富永清のもとに一つにまとまった……。『統一』を成し遂げた男を描く、実録任侠小説。

●好評既刊
教室の隅にいた女が、モテキでたぎっちゃう話。
秋吉ユイ

地味で根暗な3軍女シノは、明るく派手でモテる1軍男ケイジと高校卒業後も順調に交際中♡——のはずだったが、新たなライバル登場で事件勃発。すべてが実話の爆笑純情ラブコメディ。

またまたへんないきもの

早川いくを

平成26年4月10日　初版発行

発行人――石原正康
編集人――永島賞二
発行所――株式会社幻冬舎
〒151-0051東京都渋谷区千駄ヶ谷4-9-7
電話　03(5411)6222(営業)
　　　03(5411)6211(編集)
振替00120-8-767643
印刷・製本―株式会社 光邦
装丁者――高橋雅之

幻冬舎文庫

ISBN978-4-344-42185-1　C0195　は-26-1

幻冬舎ホームページアドレス　http://www.gentosha.co.jp/
この本に関するご意見・ご感想をメールでお寄せいただく場合は、
comment@gentosha.co.jpまで。